Super
Memory

Super
Student

记忆脑科学

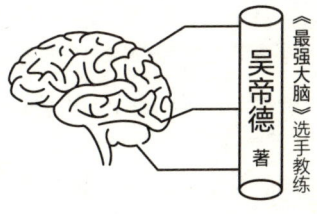

吴帝德 著

《最强大脑》选手教练

天津出版传媒集团

天津科学技术出版社

图书在版编目（CIP）数据

记忆脑科学 / 吴帝德著. -- 天津：天津科学技术出版社，2021.8
 ISBN 978-7-5576-9622-1

Ⅰ.①记… Ⅱ.①吴… Ⅲ.①记忆术-青少年读物 Ⅳ.①B842.3-49

中国版本图书馆CIP数据核字(2021)第164895号

记忆脑科学
JIYI NAOKEXUE
责任编辑：冀云燕

出　　版：	天津出版传媒集团
	天津科学技术出版社
地　　址：	天津市西康路35号
邮　　编：	300051
电　　话：	(022)23332695
发　　行：	新华书店经销
印　　刷：	唐山市铭诚印刷有限公司

开本 880×1230　1/32　印张 6　字数 100 000
2021年8月第1版第1次印刷
定价：42.00元

前言

  对有些人来讲,记忆就像呼吸一样简单,而对另一些人来讲,记忆就像愚公移山一样困难。这究竟是为什么呢?难道记忆力真的是天生的?

  记忆力就如同是我们身边的一个"最熟悉的陌生人"。我们说它熟悉,是因为我们每时每刻都会用到它,它贯穿于我们的生活和学习中;我们说它陌生,是因为我们常常琢磨不透它。

  记忆力是我们完成信息记忆的决定因素,然而,记忆力并非天生的,我们可以通过后天的锻炼来提升它。青少年的记忆力正处于非常好的状态,同时青少年又面临着较为繁重的学习任务,这时,青少年如果可以依据脑科学的相关原理,学习一些记忆力的训练方法来对自己的记忆能力进行训练,就能快速调动各项信息,从而高效、精准地处理各类与学习和生活有关的事情。所以,拥有超强的记忆力,对提高我们的学习效率,胸有成竹地应对考试以及生活中的一些压力具有非常积极的作用。

那么，我们青少年可以通过哪些方法来提升自己的记忆力呢？笔者作为第22届世界脑力锦标赛"世界记忆大师"、《最强大脑》选手教练，在记忆术方面有着深入的研究，应广大青少年读者在记忆方面的需求，专门量身打造了本书。本书中不仅有理论，还有实践；不仅有鲜活的案例，还有有趣的练习。本书能够帮助大家重新认识自己的大脑和记忆力，从而在最短的时间内挖掘大脑的潜能，掌握提升记忆力的方法和诀窍，进而轻松应对学习上的各种挑战，成为拥有超强记忆力的学习高手。

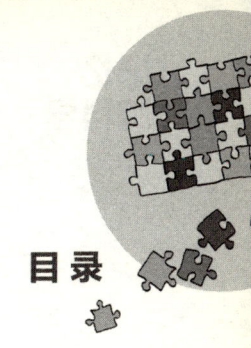

目录

第一章
超级记忆力的秘密——修炼"最强大脑"

大脑多"运动",成就好记忆 / 002
你了解自己的大脑吗 / 007
是什么在干扰我们的记忆力 / 012
了解记忆力的发展规律 / 017
测测你的记忆力 / 023

第二章
改善记忆,从解决遗忘开始

学过的东西为什么记不住 / 030
了解艾宾浩斯遗忘曲线 / 035
健忘和年龄有关吗 / 040

克服遗忘的关键因素 / 044

对记忆术的错误理解 / 049

第三章

补足大脑营养，为记忆储备能量

明确记忆的动机是什么 / 054

你有敏锐的观察力吗 / 059

培养兴趣，促进记忆力提升 / 063

坚定的自信心会给大脑明确的暗示 / 068

提高注意力能增强大脑感知力 / 072

想象力丰富的人记忆力差不了 / 078

第四章

拓展用脑模式，激发记忆全面升级

惯性思维是大脑在偷懒 / 084

运用联想思维，提升大脑的活跃度 / 089

培养发散思维，实现高效记忆 / 093

当心齐加尼克效应找上我们 / 098

第五章
6种科学方法助力，练就"百变记忆"

图像记忆法 / 104

链式记忆法 / 109

定位记忆法 / 113

数字记忆法 / 119

信箱记忆法 / 125

转换记忆法 / 132

第六章
掌握诀窍，记忆训练并不枯燥

限时记忆 / 138

"多通道"协同记忆 / 143

理解记忆 / 148

编口诀有助于放松大脑 / 153

归纳分类，让记忆不再困难 / 158

第七章
持续巩固，好习惯养出好记忆

好好睡觉很重要 / 164

吸烟、酗酒最伤"脑筋" / 169

长期冥想可提高记忆力 / 173

不吃早餐等于杀死脑细胞 / 177

遇事多问为什么 / 181

第一章

超级记忆力的秘密——
修炼"最强大脑"

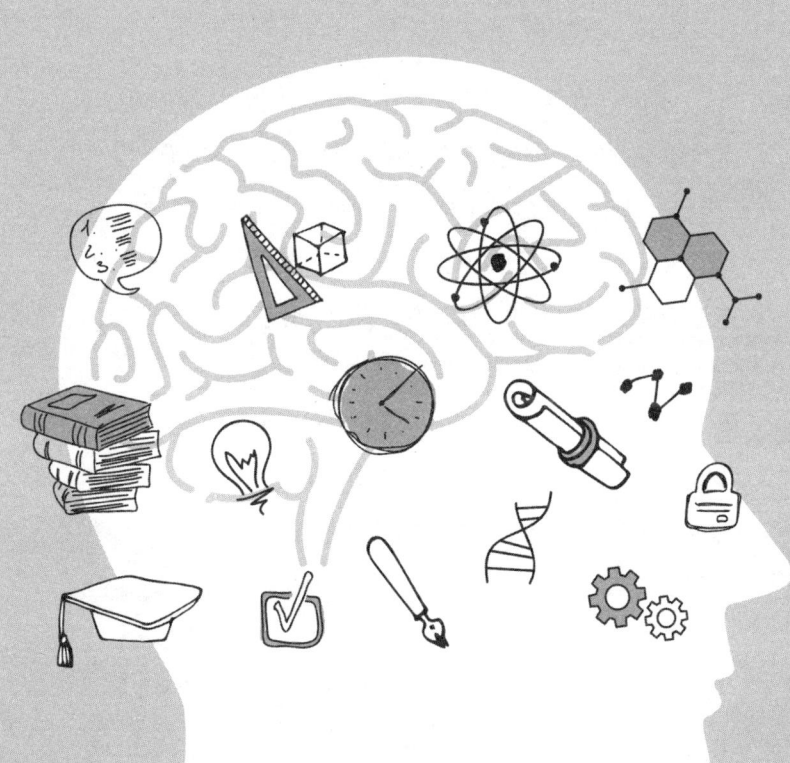

大脑多"运动",成就好记忆

据《纽约时报》调查显示:"所谓成功者,96%都拥有超强记忆力;而失败者,绝大多数记忆力都较差。"或许你会认为这种说法是片面的,其实仔细推敲,这种说法是有事实依据的。

在生活中,我们经常会发现这样的事情:有些人见过对方好几次都记不住对方的姓名,有些人学习时总是丢三落四,有些人连自己的银行卡密码都记不住……

很难想象,记忆力差的人该如何积攒事业所需的人脉呢?记忆力差会对生活、工作、学习造成怎样的危害呢?对学生来说,他们要通过各种考试、各个阶段的学习,才能进入社会,拥有一份理想的工作,这其中哪一环节离得开强大的记忆力?

有的人可能会说:"我的记忆力很差,这是天生的,无法改变。"其实不然,好记忆力是可以通过后天锻炼出来的。在生活中,只要你留心就会发现,凡是成功的人,往往都有很好的记忆力。很多人可能记忆力不够好，虽然很努力，但就是记不住一些重要的信息，从而导致失败。没有愚笨的人，只有笨方法，其实只要坚持后天锻炼，每个人都可以成为记忆高手。

经典案例一

在《最强大脑》的舞台上，我们被一个叫王峰的人的记忆力所震撼。他参加完《最强大脑》之后，很多人便认识了这个自信满满的记忆高手。

王峰挑战"瞬时信息多匹配"这个项目时，节目组随机抽取20把钥匙，并将20把钥匙随机分给20位模特。任选一位模特，王峰进行当场记忆，需要找到相应的钥匙，并且用钥匙打开相应的锁。结果王峰找到了相匹配的钥匙和锁，他挑战成功！

或许单纯地看王峰的记忆"超能力"，你会认为这是他天生的能力，甚至会认为他就是传说中的"天才"。其实，只有他自己知道他是如何训练自己的大脑的。在短短一年时间内，他从一个普通人，摇身一变，成了世界脑力锦标赛总冠军。王峰将自己的成就归功于对全脑技能的训练，其训练的目的就是提升记忆效率。

虽然我们的大脑非常善于将我们日常所学到的东西进行长时间的保存，但我们不难发现，当我们需要从大脑提取曾经精心记忆的信息时，这些信息并不能被很完整、很迅速地回忆起来。有研究者对人类的大脑进行了研究，发现人类通过训练掌握一些记忆技巧，也能让大脑更容易、更迅速地接受新知识。

经典案例二

> 2010年，第19届世界脑力锦标赛在广州举办，当时一位大三学生脱颖而出。他之所以备受关注，是因为他在1小时内记住了2 280个数字，不到25秒便能够记住一副随意排列的扑克牌。

这些惊人的数字表明这位年轻人具有超强的记忆力。我们经常听人说"我的记忆力差""我对数字不敏感，车牌号、电话号码很难记住"。其实，对数字不敏感并不是因为记忆力不好，因为人一生下来，对数字、文章、名字等这些需要直接进行记忆的事项，在记忆能力上是存在差距的。这种差距并不是一成不变的，我们可以通过训练进行改善。而要想改善自己的记忆力，就需要抱着对记忆的自信和决心。如果没有对记忆的自信，脑细胞的活动将会受到限制，记忆力自然会变得很差。

大脑训练营

（1）写下从幼儿园开始到现在所记得的20个人的名字（亲属、挚友除外）。

（2）写下至少20首自己熟悉的歌曲名。

（3）试着讲述自己旅游过的地方和相关事情。

（4）试着回忆自己小学各年级班主任的姓名。

（5）试着写10部自己看过的动画片。

（6）试着背诵出15首古诗词。

当你将上述问题一一解答之后，你会发现自己的记忆力并没有想象得那么差。那么，为什么我们能够清楚地记住这些，而记不住其他事情呢？我们不妨通过以下事实来了解记忆力的秘密。

记忆数字：对于喜欢打牌的人，他们对数字比较敏感。

记忆姓名：对于做过销售的人，他们对自己的客户与潜在客户的姓名都十分敏感。

记忆笑点：对于喜剧创作者来讲，他们总能记起一些生活中的笑料。

记忆车牌：对于交警来讲，他们总是能轻易记住车牌号，甚至过目不忘。

记忆路线：对于司机来讲，他们很少走错路或找不到乘客要去的地方。

由此可见，我们对自己所关心的事情，往往能够产生记忆兴趣，无论有多么困难，都会很容易记住。

德国音乐家门德尔松在年轻的时候去听贝多芬的第九交响曲,虽然他只听了一次,但是回到家中,便能够迅速并且准确地写出全曲的乐谱。这件事情震惊了整个音乐界。

我们常说的记忆力好的人,他们并非所有事情都能够清楚地记起来,他们只对自己感兴趣的事情记忆力好,并在恰当的时候展现在众人面前。因此,我们不要认为好记忆是天生的,其实好记忆可以通过后天的训练来实现。我们要做的就是找到适合自己的方法,增强自己的记忆信心,从而提升自己的记忆力。

> **知识点回顾**
>
> 好记忆是通过后天训练培养出来的。
>
> 很多"记忆天才"并不是天生的,多是后天造就的。
>
> 掌握提高大脑记忆力的规律,是我们进行后天记忆力训练的关键所在。

你了解自己的大脑吗

对于青少年,特别是面临考学挑战的青少年来说,当我们想要利用超强记忆力让我们的学习和生活变得更加高效时,要先从认识大脑开始,即必须知道自己的大脑是由哪几部分组成的。毕竟,记忆力是识别记忆、再认知和重现客观事物反映出来的能力。客观来讲,人脑是由大脑、小脑、间脑、脑干组成的。人脑的不同组成部分有着不同的作用,这就需要我们了解大脑不同组成部分的不同分工。其中,我们的大脑又分为左脑和右脑。

左脑主要负责逻辑、语言、数学、推理、分析、文字,右脑主要负责情感、音乐、想象、图画、直觉等。我们的大脑储存信息的容量很大,有专家说,如果将大脑比作图书馆的话,那大脑可以容下一万本藏书。如果我们的脑细胞被全部激活,那我们每天可以记住四本书的全部内容。

> **经典案例**
>
> 　　一位英国人曾经创下了记忆纸牌最多的世界吉尼斯纪录，他只需看一眼便能够记住随意排列的2 808张纸牌，也就是相当于52副纸牌。这个数字是惊人的，也是一般人不能想象的。
>
> 　　同样，在20世纪，出现了一位"怪才"，他能够记住圆周率小数点后1 000位数字，很多人称他长了"奇怪"的大脑。但这一纪录在三十年前就被一位印度记忆大师打破了，他能记住小数点后3 000多位数字。之后，一位日本人也实现了超越，他竟然能够记住圆周率小数点后42 905位数字。

　　拥有这种惊人成绩的人或许会被人们称为"天才"，但是他们自己很清楚，这是通过对大脑的训练和技巧的掌握，从而达到提升记忆力的结果。我们只能说这种具有超级记忆力的人，充分利用了自己的脑细胞。

　　科学家认为，如果将我们大脑的活动转换成电能，那么就相当于一个20W灯泡的功率。每一秒钟，我们的大脑都会进行不少于十万种的化学反应。人的大脑平均只占人体体重的2%，虽然大脑的质量很小，但是它消耗全身所需氧气的25%。大脑中脑细胞的数量也是巨大的，甚至比世界人口总数还要多，其记忆、储存信息的能力远远超过了计算机。

我们了解了大脑的组成部分和一些特性，那么我们的大脑又是如何进行工作的呢？

我们的大脑是通过三套系统完成对记忆的处理的，即反射脑、思考脑和存储脑。下面我们需要认真地分析一下大脑的记忆工作机制。

1. 满足于当下的反射脑

反射脑，就是大脑对事物所发生的条件反射，也被说成最原始的记忆处理系统。对反射脑来说，感受即事实。反射脑不需要思考，处理问题是完全自发的，也是一种无意识的行为，因此所消耗的能量很少，处理速度也最快。反射脑一次能够记忆多个目标，其反射可以是先天的，也可以是后天的。

先天形成的反射脑主要来自我们祖先的基因。比如，我们见到猛兽的第一反应是跑。后天的反射脑形成于我们的日常习惯与经验，习惯就是我们后天培养的反射系统，因此，好习惯能够让我们的思维变得更快。

2. 专注于抽象思维的思考脑

无论是在生活中，还是在学习中，只要是需要思考的，都是通过思考脑来完成的。思考脑是人类身份的标志，与反射脑不同，思考脑运转的速度要慢一些，它需要我们在一定时间内持续地注入能量，所以它具有反应慢、易疲劳的特点。当然，思考脑是专注的，它必须专注于一件事情，而非像反射脑那样，可以同时处理多个任务。

3. 自由放松的存储脑

大脑需要空闲，在思考脑停止工作之后，我们的存储脑才会开始工作。我们的大脑每天都会通过身体的各个器官来对事物做出反应，从而掌握信息。比如，通过嗅觉、视觉、听觉感知外界传递的信息，从而将这些信息进行及时的整理。而我们的存储脑就是负责将大量的信息进行管理、整理、储存、更新。这一系列的管理完成之后，我们的大脑才会像图书馆一样，将信息储存得井然有序，不至于在用的时候，找不到想要找的信息。

了解了大脑的三套工作系统，我们知道了大脑在处理信息的时候，是如何对信息进行思考、储存的。无论科学家是如何对大脑进行记忆研究的，我们都要知道大脑是有"喜好"的，即什么东西能够引发大脑开始产生记忆，这也是我们了解大脑的关键所在。

（1）大脑喜欢颜色。带有色彩的信息要比黑白信息更容易让人记忆。

（2）大脑需要休息。尤其是存储脑，更需要休息，因此在使用大脑一段时间之后，要让大脑进行彻底休息。

（3）大脑喜欢问题。在我们日常的学习或者生活中，对于某项事情，只要我们提出问题，大脑就会更加愿意去收集信息并进行解决。

（4）气味对大脑有刺激作用。有些香料可以使人的大脑更加清醒，如薄荷等。

我们要想提高记忆力，首先就要了解自己的大脑，即需要了解大脑的构成及不同位置的功能。与此同时，还需要了解大脑的工作处理系统与喜好，以便有针对性地提高我们的记忆力。

> **知识点回顾**
>
> 我们要想让自己拥有超强的记忆力，首先要了解大脑的结构及功能，只有这样，我们才能在有限的时间里掌握更多适合自己的大脑记忆法则，从而成就超凡记忆力。大脑结构是促使我们完成记忆的根本，如果不去了解大脑结构，那么制定出来的提升记忆的方法将会是不科学的，或者说是不合理的。不合理的记忆方法不仅起不到提高记忆力的作用，反而会影响我们大脑的正常思维和反应。

是什么在干扰我们的记忆力

记忆力对人们的生活、学习、工作等至关重要,如果一个人总是遗忘事情,那么肯定会给自己造成一些不良影响。专家曾对大脑记忆力的影响因素进行研究,发现不仅外界因素会影响我们的记忆力,内在因素也会影响我们的记忆力。

研究发现,一般影响记忆力的因素有三个:生活习惯、年龄和心理因素。下面我们做详细的分析。

1. 生活习惯影响大脑的记忆力

我们拿睡眠来讲,睡眠质量好的人和睡眠质量差的人,在第二天所表现出来的精神状态是不一样的。其原因就是睡眠可以帮助我们的大脑将所有需要整合的信息整理到一起,并且能够在最短的时间内组织好,从而准确地传输给我们的脑细胞。因此,科学家才有了睡眠至少要保证八个小时的结论。

> **经典案例**
>
> 2000年12月,美国一家杂志上发表了一篇文章,介绍了哈佛大学医学院经过研究发现的一个事实:人在考试之前,熬夜费神,通宵学习,对第二天的考试并不利,考试时,很容易出现本该记住的内容反而会被遗忘的现象。研究还发现,人类在学习和练习了一段时间之后,好好地睡一觉,反而在第二天能够记住更多东西。

从生活饮食方面来讲,我们不得不承认,一些食物对我们的大脑记忆能够起到提升的作用,而一些食物则会抑制我们的大脑记忆。比如,我们常吃的坚果含有丰富的镁元素,而这种元素对我们的记忆力提升十分有帮助。曾经有研究发现,每天吃一点腰果和杏仁,能够提供我们日常所需要的镁元素的25%。酒对人的大脑有不良的影响,长期饮用还会损伤大脑的记忆细胞,严重的酒精中毒会使神经细胞遭到破坏,从而引发幻觉。

除了饮食方面,适当的运动能够改善睡眠质量,提高大脑的敏锐度,并提升记忆细胞的活跃度。当然,我们每天生活和学习所处的环境也会影响我们的记忆力。比如,环境常常更换,能够促使大脑细胞变得更加活跃。具体的做法是在生活中,我们散步的时候可以更换路线,经常看同样的风景不利于大脑健康,而变换路线能够让我们的大脑在刺激之后,变得更愿意感知新事物。

2. 年龄增长，记忆力会衰退

在生活中，我们经常会听到人们说："老了，总是记不住事儿。""岁数大了，记忆力减退了。"其实，随着年龄的增大，身体的各项机能也会随之下降，记忆力也不例外。确实，年龄是影响记忆力的重要因素之一，这主要和我们的大脑海马体有关。海马体有什么功能呢？海马体能够帮助我们处理长期记忆与声光、味觉等。不过，海马体也是有"年龄"的，它容易出现"年久必衰"的现象。

我们每一天所进行的记忆，多多少少都会消耗一定的能量，这种损耗一般从20多岁就开始了，并且年龄越大，影响越大。因此，年龄影响记忆是一个不争的事实。对正值青春的青少年学生来说，就没有必要担心年龄对自己记忆力的影响。

3. 心理状态不佳，会削弱记忆效果

这里说的心理因素包括很多方面，甚至包括人类的不良情绪。首先，我们要说的就是日常生活中遇到的各种压力。其实，适当的压力能够促进大脑记忆，但是过度的心理压力反而会影响我们的记忆力。其次，紧张不安的情绪也会影响我们的记忆力。比如，在面临考试时，总是抱着负面想法的学生，很容易让自己的内心变得更加郁结和不畅，很多学生甚至会沉溺在过去的考试失利无法自拔，对即将到来的考试充满恐惧，从而使注意力变得

不集中，记忆力降低。此外，一切不良的情绪，包括烦躁、消极、嫉妒，都不利于记忆力的提升。

我们了解了很多对大脑记忆力产生影响的因素，也知道了哪些因素会对记忆力产生不利影响。那么，接下来我们有必要掌握一些对策，将不利于大脑记忆的因素进行转化，从而实现提升记忆力的目的。

1. 学会减压

生活中难免会遇到压力大的时候，对此，我们可以运用有效的方式来减轻心理压力。比如，我们可以适当进行户外运动，实现放松心情的目的，从而减少内心的压力。另外，听歌曲、跳舞都是不错的减压方式。

2. 学会静下心来进行积极思考

美国罗彻斯特大学进行了一项关于大脑记忆力的研究，发现忙碌的生活和工作会让人产生焦虑的心情，而这种心情会让我们的大脑不能获取新的信息，更别说记住新信息了。因此，保持安静的环境，或者是保持平稳的心情，闭目静思，有助于我们的大脑变得轻松，从而使大脑细胞放松。

影响我们记忆力的因素有很多，这就要求我们在日常生活中养成良好的用脑习惯，并保持良好的生活习惯，多食用一些对大脑发育和记忆有利的食物，避免吃伤害脑细胞的食物。每天保持积极、乐观的心态，避免产生消极、不安的情绪，从而促使我们的大脑记忆力变得更强。

> **知识点回顾**
>
> 　　影响记忆力的因素有很多，无论是外在因素还是内在因素，都需要我们多加了解。在记忆受到阻碍的时候，我们应该找到适合的办法，让自己在最短的时间内实现大脑的记忆。

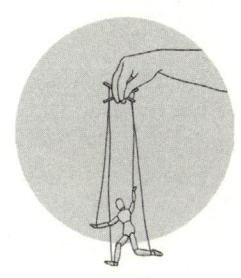

了解记忆力的发展规律

英国哲学家培根曾经说:"一切知识不过是记忆。"从人类意识到记忆的重要性开始,就没有放弃对记忆力的研究。一方面是从人类的生理机能方面进行研究,另一方面是从记忆力的发展规律及改善方面进行研究。

经典案例一

美国报道过一位中学生物教师,他在1990年,以一分钟阅读并理解25 000字的速度,被载入《吉尼斯世界纪录大全》。在他接受采访时,采访者拿出了一本刚印刷完的《戴安娜传》,这本书一共320页,他仅仅花了5分钟便读完了这本书。然后他在接受提问时,竟然能够准确无误地回答出其中9个问题,只有一个问题答错了。对于这样的成

> 绩,采访者感到十分惊讶,持怀疑态度,于是,他又让对方阅读了一本厚达500页的小说,他用12分钟读完并回答对了采访者提的所有问题。

像案例中这样记忆力强大的人,在生活中是存在的,这就促使我们要对记忆力的发展规律进行研究。

人类的记忆力是在不断进化和发展的,因此,我们需要了解大脑记忆力的发展规律,只有这样才能让我们有更多的方法去提升自己的记忆力。从生理角度来讲,20岁前后是人类记忆力最佳的时期。随着年龄的增长,记忆力会呈现逐渐衰退的态势。到了25岁前后,记忆力开始正式下降。一般来讲,年龄越大,记忆力往往越差,因此,很多30岁左右的年轻人被健忘症困惑也是常见的事情。

了解了生理方面记忆力的发展规律,下面我们从人类客观研究方面来分析一下大脑记忆力的七大规律。

1. 主体律

将我们的大脑记忆力当作主体,从记忆能力本身出发。我们会发现,我们要记住一件事情,首先,所消耗的时间越长,记住的可能性就越大,记住的效果也会更好。其次,拥有明确的记忆目标,要比没有目标、漫无目的地进行记忆更容易记住。再次,在整个记忆过程中越是充满自信、注意力越集中的人,记忆效果就越好。最后，大脑需要经常运动，即积极地思考问题，能够促使记忆变得更加牢固。

2. 客体律

我们将要记住的事物、材料、知识作为客体，从记忆目标来考虑，不难发现，首先，我们记忆一些对自己有意义的东西，要比记忆对自己毫无用处和意义的材料效果好。其次，形象直观、颜色丰富的事物和材料更有利于我们记忆，这要比记忆枯燥、乏味的知识效果好一些。再次，节奏感强、有规律和韵律的材料会比毫无规律可循的材料更容易记忆。最后，我们所感兴趣的事物往往是比较容易记住的，而一些我们并不感兴趣的事物，往往花费再多时间也不会取得好的记忆效果。

3. 方法律

所谓方法律，就是我们寻找记忆方法来进行总结和概括。在生活中，我们需要总结记忆的方法，从而实现快速记忆的效果。首先，有意义的记忆要比机械记忆效果好。其次，奇特记忆要比一般记忆更容易起效。最后，形象记忆比抽象记忆效果更佳。

4. 干涉律

这种记忆规律讲的是在记忆过程中，有一些干扰因素存在。首先，我们要记住的知识首尾往往很容易被记住，而中间部分则很容易被遗忘。其次，我们要记忆的两种事物比较相似，就会影响到我们的记忆。最后，我们需要记忆一段很长的材料，如果中间间隔时间长一些，那么记忆的效果可能会更好。

5. 强化律

在生活中，我们记忆任何一件事物，如果能够有意识地进行强化记忆，那么记忆效果就会更佳。首先，我们各个器官并用，要比只运用一种器官来参与的识记效果更好。其次，在我们记住了某些知识之后，如果我们能够有意识地定期进行复习和练习，形成长期记忆，那么记忆效果自然也会更好。最后，强化某个事情时，其多样化的强化方式，要比简单重复的方式更容易产生好的记忆效果。

经典案例二

相传，在我国古代东汉，有一位名叫贾逵的人，他在五岁的时候还不会说话。而他家的隔壁是一个私塾，他的姐姐因为是女子，不允许上私塾，便常常抱着他偷听隔壁的读书声。五年过去了，在贾逵十岁的时候，一次无意间的机会，他的姐姐竟然发现他在暗诵五经的内容。这件事情令他的姐姐感到十分吃惊，原来私塾里学生反反复复的诵读使贾逵耳熟能详。这种反复的诵读便是强化律的运用。

6. 时间律

时间是考验记忆非常重要的因素。我们在形成瞬间记忆之后，最明显的便是随着时间的推移，遗忘的会越来越多，但是遗忘速度则是先快后慢的。

7. 数量律

指的是我们要记忆的数量。不难想象，我们需要记住的材料数量越多，我们记忆的效果就会越差。同样，记忆材料的难度越大，我们的记忆效果也就越差。

拿下面几组数字来看，数量是如何影响记忆的。

（1）1、3、5、7。

（2）2、4、6、8、14、16、20。

（2）9、11、15、19、23、27、29、31、33、37、39、41、43、47、49。

对于这三组数字，我们看到第一眼，便很容易记住第一组；而在重复记忆之后，我们会相对艰难地记住第二组；对于第三组数字，如果不寻找数字之间的规律，恐怕是不容易记住的。可见，数量增多，难度增大，我们记忆的效果也就越差。

记忆脑科学

提升记忆力需要掌握一定的记忆规律,即便我们的记忆力受到了年龄的影响,但只要我们能够掌握记忆力的发展规律,从心理和科学方面进行巧妙结合,那么提升记忆力的速度和效果也不会太难。

> **知识点回顾**
>
> 任何事物的发展都是有规律的,大脑进行记忆也要遵循某些规律。因此,我们需要充分了解大脑遵从的规律,从而实现真正的成功。

测测你的记忆力

如果你想知道自己的记忆水平到底如何,可以通过简单的测试,来了解一下自己的记忆水平。当然,对记忆力进行测试,是为了让我们了解自己的记忆短板,从而提升记忆力。

如今,已经有很多测试记忆的方法和训练,并且一些专业的测试方法需要专业人员进行测试操作,否则将会失去其科学性。下面介绍几种记忆力测试方法,便于我们测试自己的记忆力水平。

1. 针对短时记忆，运用容量测验法

2

1 4

0 6 8

3 7 0 6

2 9 4 1 5

3 7 9 4 6 8

5 3 1 0 4 7 9

7 4 5 1 3 9 8 2

1 9 6 2 5 6 7 8 1

9 2 0 7 1 6 5 8 1 7

8 1 6 8 3 7 0 2 9 2 8

0 2 3 8 9 7 5 4 6 2 1 0

将以上数字排列从上到下进行记忆，每位数间隔半秒钟，读时只听。能复述到多少位就算多少位，这主要测试短时记忆的容量，即记忆的广度。一般来讲，能够背出七位数字为正常水平，超过七位数字则记忆力较好，低于七位数字说明我们的短时记忆容量小，需要提升。

2. 没有逻辑的单词记忆测验法

在日常生活中，我们经常会遇到一些毫无逻辑的事物，这些事物需要同时进行记忆。我们可以默认其中的部分数字，在30秒内进行记忆，从而计算出自己默认单词的记忆准确度。因此，我们这里的测试方法，就是选出30个毫无逻辑联系的事物，在一定时间限定内，完成快速记忆。

算盘 高山 茶叶 大树 火车 桌子 小狗 窗帘 石头 电视
警察 汽车 垃圾 玻璃 公园 孔雀 黄金 衬衫 绿萝 发票
太阳 鲜花 别墅 书包 飞机 黑板 袜子 电脑 芯片 锄头

我们可以默写以上词语，然后看看自己默写下来多少个，再按下列公式计算记忆效率：

记忆效率=默写正确的词数÷30（原来记忆的词数）×100%

如果你能默写对15个词，那么，单词记忆效率则为：（15÷30）×100%=50%。当然，百分比越高，表明我们的记忆力越好。

3. 运用记忆数组的方法，进行记忆效率测验

在30秒钟之内，记忆30组数字，然后在30秒内进行默写。
案例如下：

```
23  12  13  15  82  78  96  45  23  15
15  65  51  21  31  58  98  47  45  62
33  27  29  35  38  41  49  20  31  30
```

默写完毕之后,参照以上数字,查一下正确数,然后按照记忆效率公式进行计算。

如果你默写对6组数,你的数组记忆效率则为:(6÷30)×100%=20%。同样的道理,百分数越大,表明记忆力越好。

4. 图形记忆测试法

在一分钟内,记忆下面十个图形,需要将每一个图形与数字正确对应起来。

```
1   8   4   9   6   5   2   7   3   0
```

一分钟后,画出自己记忆的图形与对应的数字。每一个图形对应的数字正确计1分,得分越多,则记忆力越好。

5. 听觉记忆测试法

这种方法需要他人进行配合,比如我们需要请一个人念出一组事物,每个事物重复读三遍。在念完之后,我们需要迅速背出对方刚才念的所有事物，背诵出来的事物组数越多，表明我们的记忆力越好。

案例如下：

课本　邮票　恐龙　甜甜圈　文件夹　游轮　圣诞老人　游戏机　动物园　年轮

对方念出这十组事物，每个事物重复读三遍。在对方念完之后，我们需要背诵这十组事物，能够准确背出五组以上，表明记忆力较好。

> **经典案例**
>
> 　　在一档综艺节目中，一位男士曾经展示了自己的超高记忆力。
> 　　主持人以每分钟30个词的语速，花费2分钟，依次念出60组词，并且每个词只念一遍。只见在主持人读手中纸稿上的词时，那位男士闭目不动。
> 　　待主持人念完之后，那位男士开始背诵刚才主持人念到的词，每背正确一个词，主持人与工作人员就在纸上打一个对勾。最后，男士正确地背出了所有的词。等主持人用惊讶的语气宣布完结果时，全场响起了热烈的掌声。

当然，这样的记忆水平是我们所向往的，但并不是每个人都能达到的，不得不说这位男士具有超强的记忆力。

在生活中，对自我记忆力进行测试的方法有很多，有一些方法操作起来比较复杂，我们完全可以运用以上简单的方法来对自己的记忆力进行测试。当然，测试结果也会受到心情与专注力的影响。当我们的情绪比较低落，或者我们的专注力不够，总是被一些事情分神时，那么测试结果自然就不准确了。因此，在进行自我测试的过程中，需要我们保持注意力集中，不受外界的干扰，这样才能确保测试结果是准确的、有意义的。

无论我们运用什么方法进行测试，我们都要将测试的目的铭记于心。我们进行测试，目的是了解自己记忆力的短板，然后针对短板找到适合自己的提高记忆力的方法。

> **知识点回顾**
>
> 你是不是也想知道自己的记忆水平到底如何？很多人认为只有去专业的机构才能够进行记忆力的测试。其实不然，我们自己也可以通过一些科学的方法来进行简单测试，从而了解我们自身存在的记忆短板，并找到提高记忆力的方法。

第二章

改善记忆,从解决遗忘开始

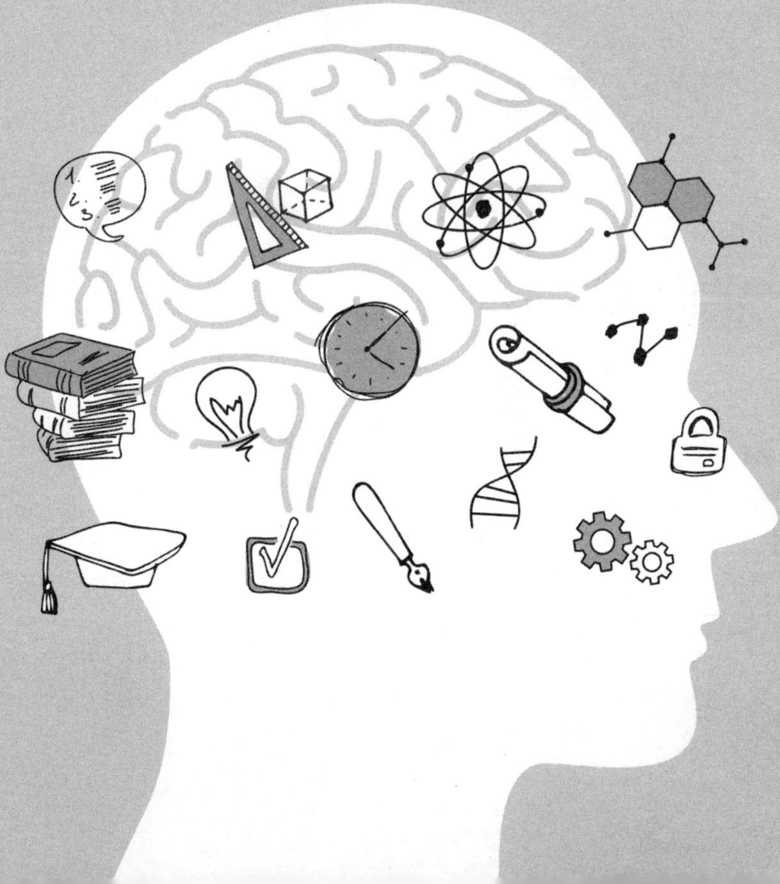

学过的东西为什么记不住

"忘了"二字似乎经常被我们挂在嘴边,而忘性大的人未必是上了岁数的老年人,年轻人也加入了"健忘成员"的行列。这究竟是怎么回事呢?

其实,健忘是人生必经之路,但并非不可改变。很多人都说自己记忆力不好,原因就是自己总是记不住事情,或者说对某些事情总是很容易遗忘。这主要归因于我们大脑记忆力的减退。很多年轻人认为自己的记忆力减退,主要是因为自己不够专心或者是不够用心去记忆某些事情。其实在生活中,很多事情会导致我们记忆力减退。

首先,当今社会是信息化的社会,我们总是利用电脑来完成一些学习任务,而过于依赖电脑,成了我们记忆力减退的一大因素。比如,我们总是依赖电脑去完成计算任务、记录任务,因此我们就减少了日常的脑力劳动,大脑功能便会逐渐减退。再加上我们平时喜欢手捧着手机，遇到不懂的问题，总是习惯性地用手机进行查询。这样做会减少我们大脑思考的时间，从而让我们的大脑变得懒惰。

其次，遵从习惯，按照习惯的方式去做事情。我们会发现，当我们习惯了用某一种方式完成一项任务时，便总是选择一些老套的方式来解决问题。我们的大脑懒得去进行创新，也懒得去寻找新思路，最终，我们的大脑便失去了思考的意识。

再次，大脑喜欢舒适区，对于一些困难，大脑会自动选择一些不困难的事情而逃避困难的思考。因此，如果我们不主动去思考困难，我们的大脑就会永远待在舒适区，从而失去主动思考的意识。

最后，当我们在生活中总是遇到一些困难的事情，我们的大脑无法感受到成功带来的喜悦时，它也会变得消极。没有了兴奋点的刺激，大脑就会变得懒惰而不积极，以致总是会遗忘一些事情。

经典案例一

研究者做过一个实验，实验选择两位年龄相同的中年男士，将两位中年男士放在不同的环境中；一位男士的工作环境十分嘈杂，所从事的行业多是机械性的重复工作；而另一位男士的工作环境相对自由和安静，每天需要经过长时间的思考和实验。

> 半年之后,研究者将这两位男士叫到一起,并对他们大脑的记忆力做了测试,发现身处嘈杂环境中、工作简单重复的男士,其大脑活跃度远远不如另一位男士。

研究发现,一个人的记忆力受自身用脑多少的影响,同时也会受记忆环境的影响。除此之外,记不住事情还与很多原因有关。

1. 只记自己想记住、该记住的事情

有这么一类人,他们从事研究性工作,在工作中,拥有超强的记忆力,但是在生活中,对自己不太感兴趣的生活琐事,则总是能做到瞬间忘记。对于这种记性差、忘性大的原因,我们称之为选择性记忆。他们选择自己感兴趣的事情去记忆,而对自己不感兴趣的事情,他们总是记不住。

经典案例二

> 有一位国学研究所的研究员,人称"奇人"。之所以称他为"奇人",主要是他记性惊人,忘性也惊人。他在研究学问的时候,脑子里能够记住很多典籍,比如《孟子》《老子》……他能够准确说出每一句的注解。在研究所,别人称他的大脑为"活电脑"。
>
> 然而,在生活中,他连自己用了四年的手机号都记不

住,出门经常忘带钥匙、钱包。一次请朋友吃饭,他和朋友都忘记带钱包了,因为离他家比较近,所以,他让朋友在饭店当"人质",自己回家取钱。此时,恰巧一位远道而来的学生来向他请教学问,他一时兴起,竟然和这位学生谈论起了古代文学,忘记了自己回家的目的。朋友见他两个小时还未来,便借用饭店的电话给家人打电话,家人急匆匆赶到,付了钱。朋友再次来到他家里时,他还在热血沸腾地与那位学生讨论文学。

事后,他说他只能记住自己想要记住的事情。

2. 一些惯性遗忘问题

不难发现,很多时候我们总是忘记一些习惯性忘记的事情。比如,出门忘记关窗户、上学忘带作业等。对于一些事情,我们总是习惯性地忘记,这主要是由于我们的大脑习惯性的遗忘造成的。

所以我们不妨做一些锻炼大脑的活动。

比如,我们要在课后复习地理课程中地球的相关知识,同时复习生物课程中生物圈的相关知识。此时,我们就可以这样想,放眼宇宙,地球只是其中的一颗星球,这颗星球在自转的同时还会倾斜一定的角度围绕太阳公转;再回到地球本身,它除了具有基本的地貌特征之外,还会有生物,这些生物分布在地球的不同位置，并与相应位置的自然气候形成一定的生存关系等。类似这样的创意联想，可以让我们在不同课程之间架起桥梁，让知识达到融会贯通的效果，最终实现记忆的目的。

> **知识点回顾**
>
> 我们总是希望自己记住生活中所有的事情，或者在学习中拥有超强的记忆力，让自己的工作变得更加顺畅。但是我们不得不承认，我们总是会遗忘某些事情，甚至会习惯性地遗忘，而有些事情我们内心再三进行自我强调，最终，忙起来还是会遗忘。正因为如此，我们才需要了解为什么会遗忘事情，什么原因让我们变成了"健忘者"。只有这样，我们才能找到提高记忆力的方法。

了解艾宾浩斯遗忘曲线

遗忘曲线是由德国心理学家艾宾浩斯发现的,主要是描述大脑对新事物的遗忘规律,也称艾宾浩斯遗忘曲线。人们从遗忘曲线中发现遗忘规律,从而利用大脑的遗忘规律,来找出应对遗忘的对策。

艾宾浩斯通过研究发现,人们在进行记忆之后会立即开始遗忘,而遗忘的进程并不是均匀进行的。最初的时候,遗忘速度很快,之后会逐渐放缓。记忆之后的时间间隔与遗忘信息量所形成的对比呈现出一条曲线。下图所示即为艾宾浩斯遗忘曲线。

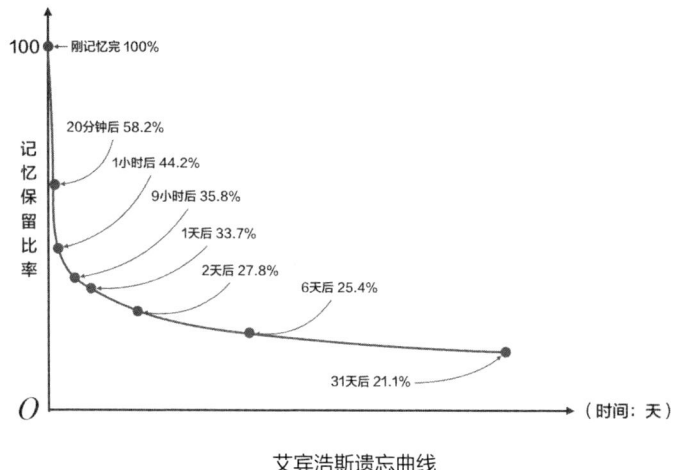

艾宾浩斯遗忘曲线

通过艾宾浩斯遗忘曲线不难看出，在我们刚完成记忆时，我们对信息的记忆量是100%，也就是还没有产生遗忘。在记忆结束之后20分钟，我们所能记住的只是所有需要记住信息的58%左右。1小时之后，我们的记忆量只占到了44%左右。9个小时之后，我们仅仅能够记住36%左右的信息。随着时间的推移，我们的遗忘速度会减缓，到了31天之后，我们大脑所能记住的信息只有21%左右。也就是说，在我们刚记住信息之后的20分钟，我们的遗忘速度是最快的，之后的遗忘速度在减缓。

所以，根据艾宾浩斯遗忘曲线图可以发现，我们的遗忘速度是"先快后慢"的。那么，掌握遗忘曲线有什么用呢？

不管是学生还是上班族，在生活中，都是需要记忆的。尤其是对青少年来说，正值学习任务繁重的阶段，每天要在不同课程之间转换自己的大脑，同时可能还会面临生活上的一些问题，这些都需要我们利用良好的记忆力来应对，从而减少差错的出现。因此，掌握艾宾浩斯遗忘曲线能够帮助我们减少遗忘，利用遗忘规律找到合适的学习方法。

专家根据艾宾浩斯遗忘曲线对记忆进行了时间安排，即"一四七"法则。什么是"一四七"法则？简单地说就是1天、4天、7天，1月、4月、7月。比如，我们需要背诵一篇文章，那么在学习记忆的第一天结束时要进行复习，第四天进行复习，第七天的时候再进行复习，这样能够保证要背诵的文章不被遗忘。

通过对艾宾浩斯遗忘曲线的了解，我们有了以下几方面的启迪。

首先，必须记住的材料，在进行记忆之后，要第一时间安排复习，并能够在不同阶段进行复习。

所有知识和记忆都不是一次性就能够长久记忆的，需要经常复习。因此，按照遗忘的规律，不妨进行阶段性的复习。当然，在复习的过程中，不难发现，记忆的材料太多会直接增加记忆的难度，当记忆难度增加后，即需要更加及时地进行记忆。另一方面，对于能够理解的材料，往往记忆起来是比较节省时间和精力的。对于不够理解或者不理解，全靠死记硬背的材料，这样记忆效果往往不够好。因此，我们要先充分理解记忆材料，再有意识地加强记忆，最后再安排复习。

比如，我们需要记忆一篇重要的文言文，就需要在记忆完成之后，第二天进行及时复习，再次加深记忆。在向老师或同学背诵前再次进行复习。这种重复性的复习，能够加强大脑的记忆，从而避免遗忘。

其次，找出需要记忆的材料之间的联系，意识到存在联系之后，才能通过理解，高效率地完成学习，拒绝死记硬背。通过了解材料之间的关系或者是有意识地进行联想，来让记忆点之间产生联系，这样能够降低记忆难度。

最后，对于那些看似独立的记忆材料，可以通过自我意识联系来进行记忆。比如，当我们看到一组毫无联系的记忆材料时，可以通过想象力来让记忆材料之间产生关联，从而便于记忆。

大脑训练营

英语单词的记忆训练：每天背100个单词。

首先将100个单词分5组，每组20个。

在看过每个单词之后，在笔记本上记下读音和拼写，完成每组需要5~8分钟，时间不可拖得太长。5组大概需要30分钟左右。然后再从第一组开始进行复习，看过的按记忆周期在第2、4、7、15天时，重新复习和记忆。

我们了解了整个遗忘曲线的过程后，不难发现人们的大脑是有遗忘周期的，在这个周期内，我们可以想办法减少遗忘的速度，提升大脑的活跃度，从而找到合适的办法，增强记忆力。因此，人们的大脑对信息的记忆是需要反复进行复习的，不进行复习和重复记忆，势必会造成遗忘。当然，不可否认，不同的人，遗忘速度也是有所不同的，这主要取决于我们日常对大脑的锻炼。有些人在记忆结束后的20分钟的遗忘速度在20%以内，而有的人则能超过50%。可见，加强对大脑记忆力的锻炼是十分有必要的。

> **知识点回顾**
>
> 　　我们了解艾宾浩斯遗忘曲线的目的是什么？是根据我们自身遗忘的规律，在即将遗忘的时候，赶快进行重复记忆，从而减少遗忘的速度与可能。在很多时候，我们需要做的就是让自己避免遗忘，这也是提高记忆力最有效的方法之一。

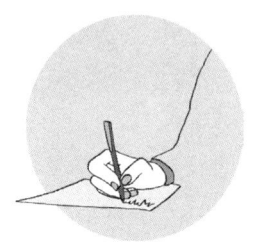

健忘和年龄有关吗

研究发现,随着年纪的增长,我们大脑的皮质厚度是逐渐下降的,再发达的科技也无法逆转神经老化死亡这一自然规律。

虽然人类的健忘与年龄有一定的关系,但是只要我们经常用脑、合理用脑,就可以让自己的大脑老得不会那么快。一个80岁经常使用大脑的人,其大脑的灵活度跟一个不经常用脑的60岁人的差不多。

那么如何才能够摆脱年龄的限制,让自己的大脑尽量少遗忘一些事情呢?

1. 学会集中精力

我们做任何事情,都要学会集中精力,全神贯注地做某件事情,这样一来,我们要记忆的信息就会变得单一,我们所能记住的信息也就更容易记忆。另一方面,就是要放下无关紧要的小事，平衡自己的心态，这样记忆力才会更好。

经典案例一

在一档综艺节目中，有一位男士能够通过蜡烛的火焰对蜡烛进行区分。挑战过程是这样的：

主持人将相同的20根蜡烛摆放在相同的烛台上，然后让这位男士观察每一根点燃的蜡烛，在男士观察完毕之后，主持人调整蜡烛的位置。随机抽出一根蜡烛，让男士猜测是几号蜡烛。

这位男士猜了三次，都成功地说出了编号。当这位男士接受采访时，他说自己主要靠的是自己的记忆力，即全神贯注地观察，然后全身心地记忆每一根蜡烛的特点。

2. 遵从最简单化原则

将需要记忆的内容的要点进行系统的整理，然后用最简单的语言进行概括，再输入大脑中，这样最容易减轻记忆的负担。如果能够将所有的知识点进行简化处理，那么肯定会有成效。我们要做的就是有重点地对知识点进行分离，然后专注于主要内容，做简化处理。

3. 大脑离不开运动，也就是我们所说的锻炼和练习

无论记忆什么，我们要做的就是让大脑运转起来。在日常

生活和学习中，不妨多让大脑运动运动，记一些比较复杂的知识点，找到记忆的规律，从而达到锻炼大脑记忆力的效果。

经典案例二

> 在一个记忆力大赛上，有一位年过六旬的老人的表现令人瞩目。他能够同时记忆多张身份证号。他对数字特别敏感，不管是行驶而过的车牌号，还是无意间听到的电话号码，他都能记住。在记者采访他时，他说自己的记忆力完全是平时锻炼出来的。他每天都会坐在自家门口，看行驶的车辆的车牌号，开始是为了锻炼自己的眼力，后来发现自己看的车牌号多了，就能记住了。

通过这位老人的例子不难看出，记忆力是需要锻炼的。在日常生活中，我们需要通过锻炼让大脑产生瞬间记忆，再将瞬间记忆转换成长久记忆。

4. 学会综合运用多种感官

在我们学习的过程中，可以配合听、说、读、写，利用多种感官，从而达到最佳的记忆效果。

比如记忆一段文章，我们可以采取以下方法：

首先，大声朗读一遍，在朗读的过程中，尽量让自己的大脑产生联想。比如，当读到"河流"的时候，我们的脑中要能够想到潺潺河水；当读到"高山"的时候，脑海中要能够浮现绵绵山脉。

其次，边读边写。在写的过程中，我们不仅要运用自己的手、眼，还要运用自己的表情。比如，写到"微笑"时，我们要想象到微笑的表情，甚至我们自己脸上要浮现出微笑。

这样的全器官参与记忆的方法，不仅能增强我们的记忆速度，还能起到锻炼大脑的作用。

虽然我们的大脑会受年龄的影响，但是决定我们大脑能否记住东西的并不仅仅是我们的年龄。生活中，我们也会见到一些年长的人，他们的记忆力并不比年轻人差。其实，很多时候，我们的生理年龄并非是大脑年龄。也就是说，有的人虽然已经60岁了，但是大脑的活跃度可能才40岁。这主要取决于大脑在日常生活中，是否有充分的运动和是否合理用脑。所以，对青少年来说，生理年龄和大脑年龄都还处于状态最好的阶段，只要我们可以有效的用脑，掌握正确的记忆方法，这对学习和生活会有非常积极的意义。

知识点回顾

一个正确用脑的人，其大脑往往十分活跃，记忆力比同龄人要强很多。因此，在生活中，我们不妨多用脑，只有这样，我们的大脑才能变得更加活跃，拥有超强记忆力。

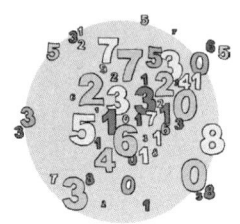

克服遗忘的关键因素

在生活中,人是能够记住很多东西的,但是记住并不代表永远不会遗忘。人们会记忆,就会遗忘。当我们识记过的内容既不能回忆也不能再次认知时,就已经出现遗忘。

众所周知,大脑的记忆力不是一成不变的,而是会随着时间的推移而衰退。因此,在这个过程中,我们需要做的就是定期地使用和复述信息,否则这种信息就会逐渐消退,最终完全消失。

心理学家则认为,我们会出现遗忘的关键是我们情绪的变化和压抑作用,导致我们的大脑出现了遗忘。因此,如果我们能够学会减压,记忆力也就能恢复了。

在早年间,一位心理学专家发现,在给精神病人做催眠术的时候,很多精神病患者会回忆起很多事情,这些事情是发生在很多年前的不经意的小事情。这位心理学家认为,这些小事情之所以不能被回忆起来，是因为回忆它们的时候会使人产生痛苦、不愉快和压抑，于是精神病患者拒绝这些信息进入潜意识中，只有当情绪联想减弱时，这种被遗忘的记忆信息才会被回忆起来。

大脑产生遗忘还表现在提取信息方面，当我们提取信息失败后，我们才会产生遗忘。换句话来讲，一个人之所以想不出某种信息，是因为他的大脑没有良好的提取线索，要知道提取线索在回忆中所起到的作用，就如同是阅读书籍时的灯光照明所起到的作用一样。当我们把灯关掉，自然就无法进行阅读。

我们了解了影响遗忘的因素，那么，我们就要找到克服遗忘的方法和因素。

1. 记忆材料的性质和数量方面

一般来讲，人的大脑对熟练的动作和有意义的材料遗忘得比较慢，而无意义的材料比有意义的遗忘速度要快。当然，我们需要记住的材料越多，我们遗忘的速度就越快。比如看下面的材料。

（1）甲在路旁站立着。

（2）乙在路旁跳舞。

（3）甲、乙、丙三人在路旁排着站立着。

对于上述信息，你最容易记住哪条呢？不难发现，"乙在路旁跳舞"这样的信息最容易记住。而要记忆甲在路旁站立着，会稍微困难一些，起码不会特别去注意甲这个人长什么样。当我们看到甲、乙、丙三人在路旁站着时，我们会更加容易遗忘，甚至不会对三人产生印象。

2. 学习的程度

一般来讲，我们对材料的记忆往往不是一次就能记住的，这种无法达到一次性无误背诵的材料被称为低度学习材料。如果我们能够背诵这些材料，但还需要一段时间进行记忆，这种材料就被称为过度学习材料。在记忆过程中，我们会发现低度学习材料容易被遗忘，而过度学习材料往往会在大脑中存在很长时间，并且不容易被遗忘。当然，花费太多时间在过度学习上，也会造成精力和时间的浪费。

比如，我们从小就背诵的《三字经》，内容大部分都忘却了，但是第一句"人之初，性本善"却记忆深刻。首句已经成为过度记忆材料，我们是很难忘却的。

3. 记忆材料的系列位置因素

我们发现在回忆一系列材料的时候，回忆的顺序是有一定规律的。比如，26个英文字母，一般开头的字母是很容易记住的，最后面的几个字母也是容易记住的，而中间部分的字母往往不容易记住。

实验者做过一个实验，让一个从来没接触过字母表的人记忆字母表。在记忆了一段时间之后，实验者发现最后呈现的字母遗忘的比较少，其次是最先呈现的字母，而遗忘最多的是中间部分的字母。而且最后呈现的材料最不易遗忘。

4. 记忆者的态度因素

当一个人对自己要记忆的东西十分感兴趣的时候，他所记住的东西是很难被遗忘的。美国科学家通过研究发现，在人们的生活中，不占有主要地位的，不能引起人们注意和关注的，不能让人们感兴趣的事情，是最先被遗忘的。另外，人们积极地加以组织所记忆的材料，也是不容易被遗忘的。

经典案例

> 在一档记忆类综艺节目中，一位年仅六岁的男孩能够闭着眼睛，通过嗅觉和触觉来感知和记忆上百种药材。他不会遗忘任何一种自己接触过的药材。那么，他是如何做到的呢？原来他出生在中医世家，从小就对中医十分感兴趣，接触过各种各样的药材，因此，他对药材的气味、形状、功效十分了解。

人们总是希望记住所有自己想要记住的东西，但是记忆信息并不是所有人都能做到。在生活中，我们总是在不断记忆信息，同时大脑又在选择性地遗忘信息，这个过程，我们自身甚至无法发觉。因此，克服遗忘成为人们记忆所追求的最终目标。而影响记忆的因素有很多，如外界的干扰、信息本身的因素、自身的记忆态度等。面对这些影响记忆的因素，我们要做的就是找到适合的办法，来实现自身的记忆。

知识点回顾

遗忘的少了，记住的东西自然就多了。克服遗忘的办法有很多，我们可以根据自己的需要来进行选择。同时，也要根据记忆信息的特点来选择记忆的方法，从而减少遗忘，提升自己的记忆力。

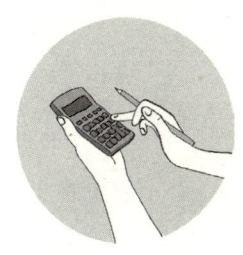

对记忆术的错误理解

什么是记忆术？其实，记忆术指的是一种提高记忆效果的方法，这种方法是通过将识记材料建立一定的联系以帮助记忆来实现的。简单来讲，这是一种通过将内容联系起来进行记忆的方法。而记忆术的原则就是通过对记忆材料进行精细加工和联想，让原本没有意义的材料变得有意义，使抽象的内容变得形象，使原本分散、内在没有联系的材料变得系统化。简言之，记忆术就是一种提升记忆的方法。

了解了什么是记忆术之后，你可能会产生质疑：记忆术真的有用吗？

在媒体上常常可以看到一些记忆术的表演，表演者能快速记住一长串数字或者一叠扑克牌的顺序。这样的记忆术真的有用吗？如果你认为自己根本无法掌握这种记忆"特技"，或者将记忆术理解成一种"特技"，那么你就大错特错了。

首先，记忆术并不是一种特技。记忆术只是一种记忆的方法，每个人通过锻炼和了解都能够掌握。很多人错误地将记忆术理解为一种神秘的特技，似乎只有天才才能掌握这种技巧。其实不然。记忆术就是通过自己日常的训练来实现的一种记忆方法。这种记忆方法不仅高智商的人可以拥有，平凡的我们通过日常的训练，也是能够拥有的。因此，不要错误地认为，只有那些高智商的人才具有高超的记忆力。

经典案例一

《体育生活》报道，来自俄罗斯的棋手卡斯帕格夫具有超强的记忆力，他能够记住1 800多人的通信地址，并且能够同时记住450多人的电话号码，不仅如此，他还熟记了12 016个棋谱。在接受采访时，记者好奇地问他有什么记忆特技，他说是日常训练出来的。

其次，记忆术并不是为天才准备的，天才通常会被认为是高智商人士，而一个人不一定智商越高，他的记忆力就越好。因此，只要所有人肯付出努力，都可以掌握记忆的规律和方法，从而提升自己的记忆力。

最后，记忆术并不像在电视上表演得那样轻松。我们经常会在一些综艺节目中看到，某个人能够顺利地记住一长串数字，甚至能够记住一堆毫无关系的东西。其实，他们也是通过日常训练才做到的,并不是天生就能记住的。要知道,如果没有日积月累的练习,他们的记忆力是不会这样好的。

古希腊曾经有一种助记方法,这种方法分为两个部分:材料格式化和大脑格式化。

所谓材料格式化,就是将自己要记忆的内容做好转化,转化为容易记忆的格式和形式。比如,常见的有转化法和联结法。转化法就是将记忆的抽象材料转化为具体的。联结法就是将原本没有记忆关系的事物联结起来,从而形成记忆链条。

经典案例二

> 古时候,有一位私塾先生,他每天都会让学生背诵圆周率。众所周知,圆周率是没有边界的一长串数字。学生们总是背不下来圆周率。一天,这位私塾先生去上山寺庙和和尚饮酒作赋,于是一位学生据此编了一个顺口溜,很快学生们背会了圆周率。顺口溜是这样写的:"山巅一寺一壶酒,尔乐苦煞吾……"这位私塾先生听了顺口溜,虽然生气,但是觉得这个学生十分聪明。

不难看出,这个学生就是利用联结法,将原本毫无关系的数字进行联结,再利用谐音的方法,加强自己的记忆。

第二部分是关于记忆的方法,叫作大脑格式化,就是在大脑里面建立记忆仓库。比如,要记忆一连串毫无关联的名词,我们可以将门口的柱子定义为"凶险"，看到柱子就会想到"凶险"这个词语，将桌子定义为"魅力"，看到桌子就会想到"魅力"这个词语。

很多时候，我们认为没有关联的事物，其实内在是存在联系的。记忆术很多时候就是要找到事物之间的联系，从而让大脑自然而然地发现其中的连接点，实现快速记忆。我们需要做的就是让自己发现事物本身的联系，从而在大脑中建立关联细胞，实现快速记忆。

> **知识点回顾**
>
> 记忆术不是给天才准备的，也并不是一种特技，或者是拥有某种超能力的人才能学会的。记忆术是一种记忆方法，需要日常进行训练。在训练的过程中，了解事物本身存在的关联性，并通过大脑的联想找到快速记忆的诀窍和掌握一定的规律。

第三章

补足大脑营养,为记忆储备能量

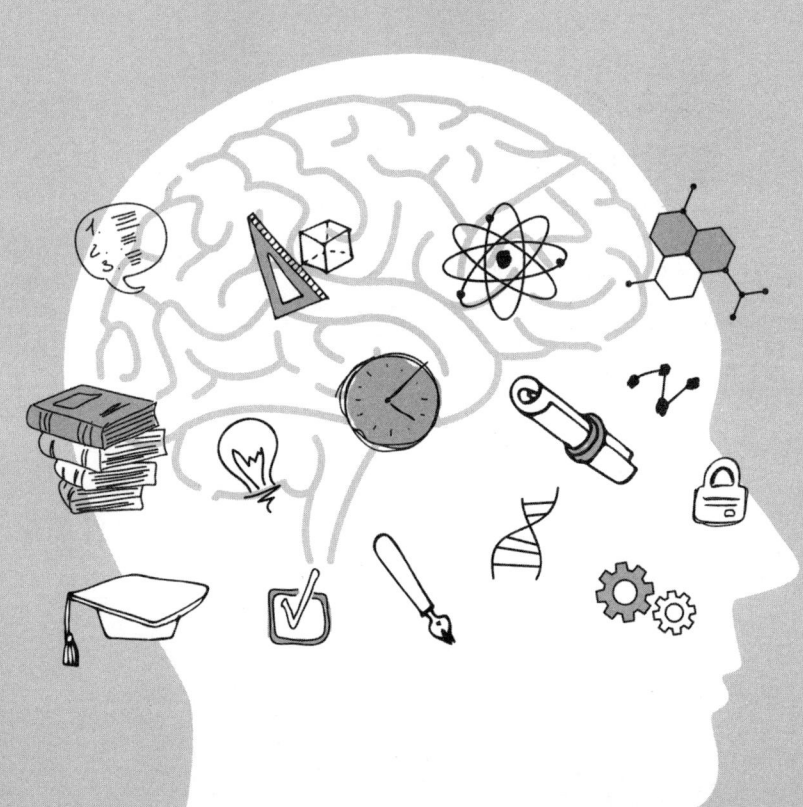

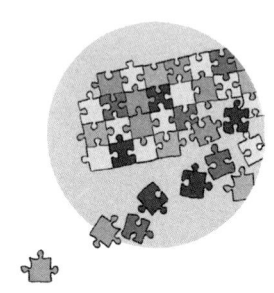

明确记忆的动机是什么

记忆的效果和记忆的目的有着密切的联系,在其他条件所表现出来的情况相同时,记忆的目的越明确,记忆的效果也就越好。因此,明确记忆的动机是十分重要的。对于同样一堆材料,有目的地进行记忆,能够最大限度地多记住一些材料。从记忆时间上来看,目的明确的记忆会更持久,而目的模糊的记忆往往很短暂。

我们经常会听到一句话:"志不立,天下无可成之事。"也就是说,一个人能否成功,并不在于这个人有多大的能耐和天赋,而要看这个人是不是有明确的目标,会不会持之以恒地追求目标。目标具有激动人心的力量,只要有学习的目标,明确自己想要什么,就能够成功。换句话说,告诉自己的大脑想要什么,大脑就会变得更加积极和主动记忆。因此,意图是记忆的基础。

经典案例一

研究人员做过一个实验,他将一只黑猩猩关在一间空房子里,并饿它一段时间。这间房间里除了黑猩猩,还有一台自动售货机,只要在孔里投放一些硬币,食物便能够自动地倾倒出来。起初,黑猩猩并没有注意这个神秘的装置,后来在它饥渴难忍的时候,它开始四处寻觅食物,这时候它才开始注意这台自动售货机。在无意当中,它将一枚硬币丢到了孔里,自动售货机竟然自动倒出了食物,黑猩猩获得了食物。自此,聪明的黑猩猩找到了获得食物的方法,它开始接二连三地进行实践。这只黑猩猩居然记住了获取食物的技巧。我们不妨假想一下,如果黑猩猩不是体会到了这种饥渴,将解决饥渴作为自己的动机,它大概是不会记住这种获取食物的技巧的。

紧接着,研究人员将硬币分成白和蓝两种颜色。黑猩猩如果投白色硬币进售货机,售货机就只会倒出一块食物;而如果投蓝色硬币,就能够倒出两块食物。就这样经过短时间的实验,发现黑猩猩根据每次倒出食物的多少,终于分辨出两种颜色硬币的差异,而很快黑猩猩发现蓝色硬币更有用,于是它记住了,之后每次选择硬币都会选择蓝色的。

出于饥渴的驱使,黑猩猩的本能逼得自己必须获得食物。一旦掌握了这种技巧,就不会再做尝试,而是通过正确的方法来选择硬币。这个实验证明,黑猩猩获取食物的秘诀来自其对食物的渴望,而获取食物变成了它记忆的目标。

拥有明确的记忆目标对提升我们的记忆力是十分关键的。而拥有不同的记忆目标,也会产生不同的记忆效果。这一点毋庸置疑。我们给自己设立的记忆目标不同,所能记住的材料的数量自然也就不同。

经典案例二

> 曾经,有一个大学生费了很多工夫去背课堂笔记,以准备考试。同时,他为了提交一篇自己感兴趣的毕业论文而读了好几本书。在他毕业之后,他费尽心思下苦功背的那些笔记,在很短的时间内就忘记了,而他为了写论文所看的书却能够记起来。

不难看出,一个人的记忆力除了与目标是否明确有关外,同时也与订立了什么样的目标有关。在运用明确目标记忆的时候,应该注意以下两个方面。

1. 目标的顺序要清晰

在我们需要记忆的材料太过繁杂的时候,我们不妨理出头绪，找到适合自己记忆的方法。比如，先记忆什么，再记忆什么，这样有了一定的记忆顺序之后，记忆起来才会更加牢固。比如，我们需要记住50个英文单词。单词中有食物类、运动类、日常用品类等。此时，我们不妨先对这50个英文单词进行分类。每一类都按照首字母的先后顺序进行划分，最后再一一进行记忆。

2. 记忆目标要切实可行

在记忆过程中，确立的目标不仅要高远，还要切合实际。因为只有切实的目标才能激发自己的奋斗热情，最终才能让自己充满信心，把目标变为现实。

人类记忆力的高低与很多因素有关，而为自己的记忆设立目标是关键的一步。当然，我们所设立的目标有长远的，也有短暂的。设计长远目标的人，其记忆效果往往会更好。

经典案例三

曾经有研究人员对两个班级的学生进行了一项测试。研究人员要求老师告知两个班级的学生第二天会进行语文测试，并告知测试的范围。第二天果真进行了测试，结果两个班级的成绩不相上下。测试结束之后，老师被要求只告知其中一个班级，一个月之后还会进行语文测试，测试范围与这次的测试范围是一致的。一个月之后，老师再次对这两个班级进行测试，测试结果发现，被告知测试的班级成绩要好很多。

通过这个实验不难看出,老师给出长远的记忆目标,能够帮助学生进行记忆,从而达到更好的记忆效果。

我们要想达到好的记忆效果,或者说提升自己的记忆力,不妨先给自己制定一个记忆目标,明确自己需要记忆什么,不需要记忆什么,这样有目的地记忆能够让自己在最短的时间内记住有意义的材料,也会让自己的记忆目标变得更加明确。当然,我们设立的记忆目标不能太大或者是不切合实际,否则就会出现有目标却记不住的现象。

知识点回顾

记忆是有目的的,很多时候我们不是为了记忆而记忆。因此,要明确自己的记忆动机,这样才能促使自己更主动地进行记忆,并在最短的时间内完成记忆的目标。

你有敏锐的观察力吗

观察力指的是什么？其实就是指大脑对事物的观察能力，如人会通过眼睛的观察来发现新奇的事物。在观察的过程中，我们会对声音、气味、温度等有全新的认识。

观察力的敏锐程度决定了我们能够从某个人身上得到信息的多寡，也就是说，只有敏锐的观察力才能让我们掌握一个初次见面的人的信息。同样，我们的观察力是否敏锐，与很多因素有关，下面我们来详细分析一下。

首先，一个人的观察力与其兴趣有关。不同的人，在观察同一个事物时，所看到的表象是不一样的。比如，同在乡间散步，植物学家会敏锐地注意到不同的农作物和不同的野草植物，而动物学家看到的却是各种昆虫、野生小动物。因此，我们说兴趣爱好会影响人们的观察力。

其次，观察力的敏锐性的高低，与一个人的知识、经验多寡密切相关。一个具有渊博知识、丰富经验的人,他在变化万千的世界中自然很容易观察到有意义的事物。相反,一个知识面比较狭窄、经验十分欠缺的人,他看到的事物是片面的。

最后,观察力是否敏锐与一个人日常的训练有关。一个经常训练自己观察力的人与一个从来不训练自己观察力的人观察同样的事物,所表现出来的认知程度是不一样的。

人们要想具备敏锐的观察力,就要有意识地进行培养、训练。为了有效地进行观察,更好地锻炼自己的观察力,我们需要掌握良好的训练方法。

1. 先确定观察目的

对一个事物进行观察时,我们要明确自己观察的是什么,要达到怎样的观察目的,从而做到有的放矢,这样注意力才能更加集中,进而抓住事物的本质特征。

2. 制订观察计划

在观察前,要对观察的内容做出安排,并且要有计划性。因此,我们进行观察前,就要打算好先观察什么,再观察什么,要按部就班地进行。

3. 培养浓厚的观察兴趣,是培养敏锐观察力的关键

当一个人对观察充满兴趣时,他会很乐意付出精力去进行观

察。因此，浓郁的观察兴趣是培养观察力的重要前提条件。为了锻炼观察能力，必须培养广泛的兴趣，这是必不可少的。

4. 观察事物的表象，更要探寻事物的本质

观察力是思维的触角，要想培养自己的观察力，就要将观察的任务具体化，从细节中探索事物的本质。

要培养自己的观察力，需要从以下几个方面着手。

首先，要学会调整心态，听从身体的反应。观察力一部分是身体本能的反应，我们要遵从这种反应，很多时候我们的直觉是否正确，关乎我们能否正确地进行观察。

其次，下意识地对周边的事物进行观察。在生活中，我们要想对事物进行观察，就要从周边的事物开始。比如，生活中我们看到桌子发生了偏移，就可以观察桌子的变化。当我们深处大自然时，不妨多观察自然界的变化。从细微处观察生活，体味生活。

最后，学会扪心自问。虽然你不必问自己太多问题，但是当你观察事物的时候，需要保持思维的活跃性。比如，当你在一个房间里看到有人在思考问题，你不妨问问自己：这个人在思考什么？他为什么会在这个房间里？

大脑训练营

做"大家来找碴儿"游戏,即找两张十分相似的图片,找出不同之处。给自己规定好时间,五分钟内要找到两张图片中所有不同的地方,并标出来。

随着我们观察力的不断提升,我们完全关注一件事情的时候就会有很多问题,在刚开始的时候,我们转换这种好奇性的思维模式,之后就会更加专心地进行观察了。

在日常生活中,我们需要认真观察身边的事物,从而锻炼自己敏锐的观察力,这样一来,我们要做的就是增强自己的观察力,让自己变得更加愿意去观察。当我们的观察力提升了,我们的记忆力自然会提升,我们对周边的事物就会表现出更加敏感的态度,从而有利于提升自己的记忆力,这无疑也是对记忆力的一种锻炼。

知识点回顾

我们不得不承认,观察过程中是有禁忌的。有人在愉快的时候会很有兴趣去观察,而不愉快的时候则会表现得心情烦躁,观察不下去。甚至在某种特殊情况下,由于心情紧张而根本没有办法进行观察。因此,观察时应该避免自己情绪波动,要保持良好的心态进行观察训练,从而提升观察的敏锐性,促进大脑进行记忆。

培养兴趣，促进记忆力提升

德国文学家歌德说过："哪里没有兴趣，哪里就没有记忆。"这句话从表面来看，似乎看不出记忆与兴趣之间的关系，但是仔细思考，不无道理。从生理层面来讲，兴趣能够使一个人的大脑皮层形成兴奋优势中心，从而让人对信号更加敏感，让记忆进入最佳的状态。兴趣能够调动大脑两个半球所有的内在潜力，从而充分发挥自己的创造力，并能够挖掘记忆的潜力。因此，我们经常会说"兴趣是最好的老师"。

很多人都十分重视兴趣对自身记忆力的影响。达尔文曾说自己在学校的时候，对他产生最大影响的就是他的兴趣。

我们做任何一件事情，都要有一定的兴趣，没有兴趣，我们是做不下去的，自然也就很难做好。记忆在很多时候，是一件十分乏味的事情，如果能够在所需要记忆的材料中找到自己的兴趣点，从而进一步进行记忆，那么，我们可能会从记忆过程中感受到快乐。

兴趣可以让我们的注意力更加集中,让我们全身心地投入学习中;兴趣能够激发我们的思考能力,并让我们积极地去思考问题。而且在生活中,进行积极思考会给我们的大脑留下信号,让需要记忆的材料变得更加容易被记住。另外,兴趣能够促使我们的情绪变得高涨,从而激发脑肽的释放,而脑肽是记忆学习的关键物质。

> **经典案例一**
>
> 英国戏剧大师莎士比亚迷恋戏剧,他对演戏充满了兴趣。同时,他也热爱戏剧表演。通过自己主动学习,他掌握了丰富的戏剧知识。
>
> 曾经有一次,一个演员临时身体不适,无法进行接下来的演出。剧院老板十分着急,四处寻找可以临时救场的演员。此时,莎士比亚主动请缨,他用了不到半天的时间,就将台词全部背了下来,演得比那个演员还要好。在他演出的过程中,台下响起了阵阵的掌声。

在记忆的过程中,我们要看到兴趣对大脑的刺激作用,并利用兴趣的优势,让大脑更主动地去记忆我们需要记住的信息。兴趣能够促进记忆的成功,而记忆上的成功又会让我们对记忆材料产生更浓厚的兴趣,这便能够形成良性循环。

> **经典案例二**
>
> 德国音乐家门德尔松在17岁的时候去听了贝多芬第九交响曲。等音乐结束之后,他回到自己的家中,竟然立刻写出了全曲的乐谱,这件事情震惊了音乐界。虽然我们对贝多芬第九交响曲已经十分熟悉,但是一般人还是无法记住其乐谱。可见,门德尔松对音乐的痴迷程度有多深。

既然兴趣爱好对我们的记忆有利,那么我们该怎样提升自己的记忆力呢?

1. 我们不妨多问自己几个"为什么"

这种自我质疑其实就是一种对知识探索的过程,在这个过程中,我们能够通过自我探索来挖掘更深层次的信息,这样一来,便加深了大脑中的印象,从而更容易进行记忆。

2. 肯定自己的记忆力

所谓肯定自己的记忆力,就是在自己记忆成功之后,要下意识地为自己感到自豪,让自己充满成就感,这样不仅是为自己鼓舞士气,更是为了让自己愿意去进行记忆。

3. 自信是培养兴趣的动力，所以一定要相信自己

无论记忆什么材料或者知识，在记忆之前，一定要相信自己能够记住。只有相信自己，才能够记住知识。

4. 要对一切需要记忆的事情都产生兴趣

说起来容易，做起来并不容易。我们可能需要记忆很多事情，在这个过程中，我们不可能对每一样事情都产生兴趣。但是，我们不妨找到自己的兴趣点，从兴趣点出发，从而让自己更乐于去进行记忆。

比如，我们找两张风格不同的图片，一张是自己喜欢的，一张是自己不喜欢的。然后分别用五分钟来记忆每张图片上所画的事物。记忆完两张图片后，进行描述。我们会发现对于自己不喜欢的那张图片，描述出来的不够全面。

可见，记忆感兴趣的事物往往比记忆不感兴趣的事物更容易，因此，我们要让自己对需要记忆的事物产生兴趣，这就需要我们多观察、多体验。当一个人有了丰富的阅历之后，他会对很多事情有更全面的认知，从而在发现事物美好的一面的时候更加主动。因此，我们不妨丰富自己的人生阅历，让自己多发现生活中的美好，从而激发自己对外界的兴趣点，促使自己更加积极地去进行记忆。

我们不可否认，很多时候我们对记忆材料无法产生兴趣，这

个时候我们不妨利用联想和想象的办法，尽量将枯燥的事物与有趣的事物进行联想，以方便记忆。记忆本身就是一个寻找兴趣点的过程，当我们对记忆材料产生兴趣之后，才会记得更牢固。要知道，死记硬背是很难达到记忆的效果的。

> **知识点回顾**
>
> 在日常的学习和生活中，我们需要记住各种各样的事物及其特征，也需要记住很多东西。因此，在这个过程中，我们需要投入更多的精力去挖掘自己的兴趣点，从而实现长久记忆。

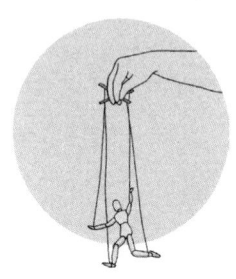

坚定的自信心会给大脑明确的暗示

在生活中,我们经常会遇到这样的情景:在校园外偶遇一位同学,但就是记不起来对方叫什么;和别人说过一句话之后,就再也想不起来自己想要去干什么;买了东西,也付了款,不拿东西转身就走。每次遇到这样的情况,我们会习惯性地认为是自己记忆力变差了。

很多人认为自己记忆力差,归根到底是因为自己脑子不好使,是天生的,这种想法是不正确的。其实,很多时候我们记忆力差,是因为我们不够自信。

心理学家经过研究发现,记忆时最重要的是抱着能够记住的自信与决心。如果没有这样的自信,恐怕再多的脑细胞也不够用。脑细胞的活动一旦受到抑制,人们的记忆力便会变得迟钝。关于这一点,我们在心理学上得到了证明。在心理学研究上,我们将这种情形称为"抑制效果"。"抑制效果"有什么样的表现呢?

首先是自己表现出没有自信，紧接着脑细胞的活动受到抑制，再者就表现为无法记忆。如果你以为到此结束了，那么就大错特错了，这是一个恶性循环。当我们无法记忆的时候，表现为更缺乏自信，从而又无法进行记忆。从这个循环过程中不难看出，改善记忆的第一步就是要恢复自信，使其演变为良性循环，这是学习记忆术的重要条件。

不过，如果我们只是自信而不去努力的话，还是无法提升记忆力的。心理学家在研究的过程中发现，无论谁都可以提升自己的记忆力。而这一定论的依据也是来自自信心的提升。无论做什么事情，都讲究信心十足，记忆也是如此。只有当我们的记忆力得到提升之后，才能更好地去提升自己。那么，该如何提升自己的记忆信心呢？

首先，要对记忆材料进行全面的了解。一般而言，我们失去信心是因为觉得记忆太难，而觉得记忆太难多半是不够理解或者是不够了解这个事情。因此，在进行记忆的时候，一定要先去了解，只有了解了才能够更好地进行记忆。

经典案例

美国杂志上刊登过一个年仅十岁的小男孩儿，他竟然能够熟练地运用牛顿定律，并且在数学、物理方面都有很高的学习力。专业人士对他进行了数学测验，发现他对数学的掌握水平已经达到了高中生的水平。很多人看到报道

> 后,认为这个小男孩儿是个天才,其实,用他的话来讲,他只是学得比别人早,了解得比别人多而已。
>
> 记者很好奇,为什么这个年仅十岁的小男孩儿能够了解如此多的数学知识,原来他的父亲是大学数学老师。从小他就在父亲的渲染下进行学习,也就是说,他了解数学公式和计算方法,都是因为他的父亲。可见,后天的锻炼十分重要。

其次,面对比较难记忆的材料,不要气馁,要学会运用记忆方法。记忆方法是帮助记忆的手段。因此,对一些复杂难记的材料,运用适合自己的记忆方法进行记忆是十分有效的。如果不会运用方法,只是单纯地死记硬背,势必会让自己的头脑变得迟钝,最终难以实现记忆的目的。

大脑训练营

用谐音法记忆电话号码:

18903117574 前七位数字比较容易记住,而后四位往往是记忆的难点所在,我们可以利用谐音记忆法将其记成"气我气死"。

17732317588 这串电话号码不容易记忆,因为数字重复率小。前三位比较好记住,后几位可以利用谐音法记成"三儿三女气我爸爸"。

最后，在记忆的过程中，如果遇到十分难记的材料，千万不要灰心，不要认为自己没有能力去记忆。此时，不妨停下来休息一下，然后再进行记忆。劳逸结合，能够让精力更加充沛，也能让自己在最短的时间内完成记忆。因此，在记忆无法进行下去的时候，不妨积极地进行记忆。

在生活中，记忆力的重要性随时随处都可以见到，即使是在日常玩游戏的过程中，我们也能体会到记忆力的奥妙。而很多时候，我们不是不知道，也并不是记不住，而是没有信心表达出来。在很多时候，我们需要自信地表达自己已经记住需要记住的事情，这样自信地表达能让自己的记忆力变得更强。

有些高明的棋手，他们不但能够下闭目棋，而且一个人能同时与七八个人对弈。要知道，记住这么多的棋盘并不是一件容易的事情，而他们却能自信地去应付每一场博弈，主要是因为他们足够自信，足够信任自己的记忆力。当然，当你相信记忆力的时候，记忆力也不会辜负你的信任，会让你成功地记住你想要记住的东西。

> **知识点回顾**
>
> 人人都渴望自己具有丰富的知识和卓越的才能，从而成为成功的人。而只有让自己更加自信，我们才能在成功记忆的基础上，让自己的思维变得更加活跃。

提高注意力能增强大脑感知力

注意力可谓一个人最重要的资源之一,因为你关注什么,便会了解什么,也就会获得什么。

在日常的学习中,我们总是会出现注意力不集中的情况。那么,什么是注意力呢?

其实,注意力是人们的心理活动指向集中于某个事物的能力。不管是学习还是工作,我们都需要保持良好的注意力。只有注意力集中了,我们才能在最短的时间内完成对材料的记忆。

知道了注意力的概念,我们还需要全面了解注意力。科学家经过研究发现,注意力的本质是优先处理某条信息,放弃其他信息的能力,这里的"信息"指的就是外部刺激带来的感觉信息,也可以是内心的意识和想法。

我们的注意力在处理信息的时候,始终遵循"要事优先"的原则。

也就是说，不管周围和内心同时发出多少刺激信号，注意力都要转向大脑，在"大脑认为重要"的强调之下，大脑会判定一些东西的重要性，从而再次进行外部刺激，刺激大脑进行记忆。

了解过注意力之后，我们要如何训练自己的注意力呢？

1. 合理规划注意力，尽量降低大脑切换的成本

在上课或者日常的学习过程中，我们经常会遇到这样的情况，我们很难集中精力完成一件事情，这是因为大脑正在试图执行一条混乱的指令，而把好几项任务掺杂在了一起，最终，哪一项任务也无法进行和记忆。

心理学研究表明，当我们的大脑从一个任务切换到另一个任务的时候，会很自然地产生切换成本。就像我们给电脑更换零件的时候，会消耗时间和精力一样，我们的大脑切换任务，也会使大脑疲于应付、反应变慢，甚至会出现注意力难以集中的现象。

比如，我们经常会一边学习一边吃东西，或者是一边做实验一边监督小组成员的纪律。大脑会注意这个任务，也会放心不下另外一个任务，最终的结果就是两件事情都做不好。那么，如何才能合理规划注意力，降低切换成本呢？

首先，学会在两项活动之间划分清晰的界限。比如，我们可以估算出吃东西需要花费多少时间，在吃完之后，再开始学习。或者是我们预估一下做实验重要还是监督小组成员的纪律更重要,根据重要性关系,我们来选择要集中注意力做哪件事。

其次,将复杂的任务替换成简单的小任务,因为暂停简单任务花费的切换成本相对是比较少的,当我们迅速开始下一个简单任务的时候,也要容易一些。

最后,需要安排主题相近的任务。两项活动如果是围绕同一个事项展开的,那么我们就可以认为它们所要调用的信息和记忆是比较相似的,这样一来就不容易产生严重的干扰。

2. 减少外部刺激和干扰因素

在日常生活中,我们周围充斥着许多刺激的信号,我们的大脑在接收到这些刺激的信号之后,会时不时地进行关注,这样一来,我们的注意力就会被转移。在日常的工作过程中,我们不难发现,我们会被各种各样的因素干扰,这些因素会阻碍我们去记忆和专注某项学习任务。

比如,我们在学习的时候,桌子上放着手机,我们的手机就成了阻碍我们学习的因素。其实,我们在学习的时候,完全可以将手机放得远一些,尽量避免手机对我们产生干扰。而嘈杂的环境也会影响我们的注意力,这就需要我们尽量选择或创造一个相对安静的空间。

3. 有计划、有目标地去做事情

在生活中,我们每个时间段都应该知道自己想要做什么,在这期间，要有计划、有目标，这样可以最大限度地防止大脑分神。当我们的大脑清楚接下来要做什么的时候，我们的大脑才会提前做好准备，提前调整好状态。我们不妨按照下面的方法进行操作。

首先，每周制订一个学习计划清单，贴在比较醒目的位置，自己每完成一项就勾选或画掉一项。

其次，要在注意力比较集中的时候做最重要的事情，因为人的注意力和记忆力都是有限的，不要将注意力浪费在不重要的事情上。

最后，最好给每个任务都设置一个截止时间，逼迫自己在这个时间段完成任务，即使我们在无形中学会了珍惜时间，我们也要学会高效地进行自我认知。

4. 借助一些小工具，有计划地锻炼自己的注意力

在当今社会，锻炼记忆力的小工具有很多，如一些手机软件等，我们可以通过这些软件的趣味性来吸引自己去锻炼注意力。当然，除了一些软件，还有一些高科技产品，也能够起到锻炼注意力的作用。

大脑训练营

拿出一张纸,在纸上用不同颜色的彩笔写出"黄、红、蓝、黑、橙、绿、白、粉"等各种颜色。要求如下:

黄:用红色笔写

红:用黄色笔写

蓝:用紫色笔写

黑:用蓝色笔写

橙:用黑色笔写

绿:用橙色笔写

白:用粉色笔写

粉:用棕色笔写

写完之后,我们需要快速做出反应,并说出每一个字的颜色。如果能够快速准确地说出每个字的颜色,那么表明专注力是比较强的。

在学习和生活中,我们需要专注于一些事情,只有将身心都投入其中,才能达到快速记忆的目的。当然,并不是所有的人都能够抵抗外界因素对注意力的干扰,他们总是很容易分神,很容易被干扰因素打扰,这样一来,就很容易出现记忆力差、注意力不集中的情况。

> **知识点回顾**
>
> 　　为了让自己养成专注的习惯,我们可以给自己设定一些提醒标志。比如,在桌子上贴上专注学习的话语等。这样做能够让自己静下心来专注地学习,从而实现提高记忆力的目的。当然,在生活中,有意识地进行抗干扰训练,对注意力的集中也是十分重要的。只有注意力集中了,我们才能更用心地去进行记忆,才能够实现高效记忆。

想象力丰富的人记忆力差不了

什么是想象力？想象力是一种高级的认识能力，其高级之处就在于我们的大脑对原有的表象进行很好的加工与改造，最终形成新形象的心理能力，这种能力能渗透到学习、生活、活动等方面，对我们进行高效记忆有很大的帮助。

爱因斯坦十分推崇想象力，他认为想象力比知识更为重要，因为知识是十分有限的，而想象力则是没有限制的。那么，想象力与记忆力有怎样的关系呢？

不可否认，在我们需要认识和记忆的一些材料中，总是会充斥着复杂和抽象的部分，对于这部分内容，我们总是很难记住，甚至很难准确地进行记忆。而对于一个具有丰富想象力的人来讲，这些抽象而复杂的部分只不过是需要大脑进行"畅想"一下，通过丰富的想象，将抽象进行具体、形象的转化，从而再进行记忆。对于缺乏想象力的人，他们可能根本找不到转化抽象为具体的落脚点，因此只能死记硬背，以致最终很难记住。

那么，我们要如何培养自己的想象力呢？

1. 可以通过临摹仿效的方式来进行培养

对想象力的培养，模仿往往是第一步，也是不可缺少的一步。正如我们临摹字帖的时候，只要经过长时间的练习和模仿，便能够写好字。模仿是一种再造的想象，通过模仿，我们能够抓住事物的特点，掌握事物的特征，从而从其特点处出发。当然，模仿并不是抄袭，我们需要将看到的和回忆起的东西，通过大脑进行再造。与创造相比，模仿是一种低级的学习方法，但是创造总是从模仿开始的。

2. 想象力的培养离不开丰富的知识经验

培养想象力的基础就是丰富的知识和经验，如果没有知识和经验的储备，那么想象力就毫无存在的价值，甚至会变成漫无边际的胡思乱想。要知道，扎根在知识经验上的想象力，才能与实际接轨，才能称之为真正的想象力。

不难发现，一个人的经验越丰富、知识越渊博，想象力就越丰富。我们这里所说的渊博的知识，指的是专业的知识。当然一个人具有广泛的兴趣爱好，对想象力的培养也是有益的。

很多人会发现，文学艺术对想象力的培养十分有帮助，因为文学艺术作品可以提供丰富的形象，特别是典型形象，这有助于我们的大脑进行记忆，有利于我们发展想象力。

经验越丰富，我们想象力的广度和深度也就越丰富。丰富的生活经验是提高人们想象力的重要因素。因此，在生活中，我们应该尽量多地去体验和观察生活，从生活中捕捉形象，积累表象，从而为想象力的丰富打下基础。

3. 培养发现问题、提出问题的精神

在生活中，如果我们敢于去发现问题，提出问题，那么我们能够获得比别人更多的知识。一个好奇、敢于质疑的人，往往能够看到事物发展的另一面，在知识掌握方面，也能够掌握知识的广度与深度。因此，我们不妨多问几个"为什么"，从而让自己的思想变得更活跃。

4. 多参加创造性的活动

一个想象力丰富的人，往往具备一定的创造力。反过来说，如果一个人具有创造力，那么势必也会具有丰富的想象力。因此，不妨多参加一些具有创造性的活动，让自己的生活变得更加丰富，让自己的思维变得更加活跃。

> **经典案例**
>
> 一位叫奥布莱恩的男士，他曾经获得八次世界记忆大赛冠军。
>
> 奥布莱恩可以说是最特别的记忆大师，因为他小时候并没有表现出记忆方面的天赋。相反，他从小就无法在课堂上集中注意力，老师讲课，他从来无法认真听讲。除此之外，他本人还爆料称自己的大脑受过伤。原来在奥布莱恩小的时候，他的头撞到了火车上，当时头上有很严重的瘀青，当时大人们都怀疑奥布莱恩大脑受到了创伤。
>
> 由于这段经历，奥布莱恩认为自己能够获得八次世界记忆大赛冠军，完全与自己具有丰富的想象力有关。
>
> 奥布莱恩在1987年的时候，在电视上看到一位男子在向大家展示自己记忆一副扑克牌的过程。当时奥布莱恩觉得十分神奇，并下定决心要自己进行训练。在经过几周的训练之后，奥布莱恩的记忆力就有了惊人的表现。一年之后，奥布莱恩因为可以记住6副扑克牌而获得吉尼斯世界纪录。

一个具有丰富想象力的人，就像为自己的记忆力插上了翅膀，他可以凭借想象的广度与深度，让自己的思想变得更加丰富，从而打开记忆的大门，让自己更容易去记住一些抽象和复杂的事物。不可否认，现在生活中的每一样东西都源于想象，无论是一则广告，还是一项发明，都是通过想象力来实现的。因此，要想增强记忆力，就不妨有意识地培养自己的想象力。

当然，想象力丰富并不是没有限制的，我们要合理想象，而不是毫无目的地胡思乱想。有目的地想象，能够让我们的思维空间变得更广阔，而胡思乱想只会让我们的大脑陷入混乱，甚至会阻碍我们去进行记忆，因此，我们要掌握想象的分寸，从而找到提升记忆力的方法。我们很难想象，一个没有想象力的人是如何完成复杂事物的记忆的，因为单纯依靠死记硬背，恐怕无法达到高效且长久记忆的目的。

知识点回顾

想象力本身就是大脑运动。想象力丰富的人，大脑思维灵活度较高，进行记忆的能力也越高。在生活中，我们要积极锻炼大脑的想象力，从而提升记忆力。

第四章

拓展用脑模式，激发记忆全面升级

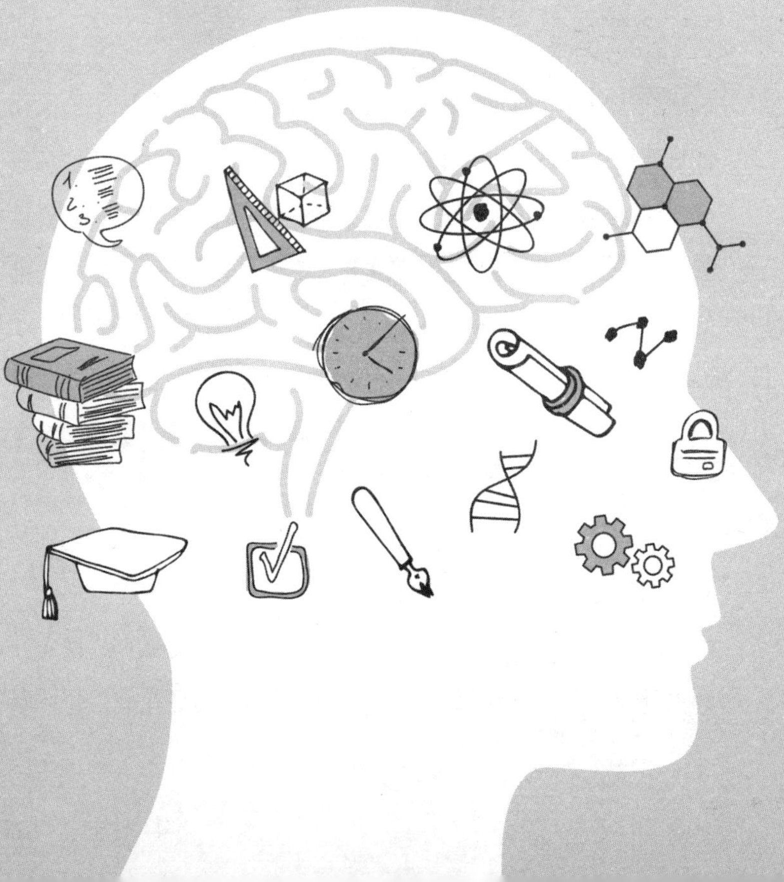

惯性思维是大脑在偷懒

什么是惯性思维？惯性思维又被称作思维定式，它是由之前的活动造成的一种对活动的特殊的心理准备状态，也是大脑活动的倾向性表现。在外界环境不变的情况下，这种思维定式能够让我们尽快地掌握解决问题的方法，而在我们遇到问题的情景发生变化时，它才会对我们进行正常思维产生阻碍作用，消极的思维定式对记忆力提升尤为不利。

人的大脑也是有惰性的，大脑在全速运转的时候，既要思考问题，又要保持身体的平衡，还要控制我们的呼吸节奏，这么多事情都要由大脑独自完成，此时，大脑也需要利用惯性思维"偷懒"。但是，我们不能在所有事情上都任由大脑去偷懒，否则我们的大脑便会成为不会变通的"懒虫"。

研究学者通过总结归纳，将产生惯性思维的原因归为两类，即群体原因和个体原因。所谓群体原因，指的是我们祖先在原始社会中为了应对恶劣的社会环境，他们必须学会合作，而合作产生群体依赖性，进而就会成为我们的思维和行为的方式。经过千百年的延续，这种思维趋同在我们的大脑中变得固化，帮助我们进行对新事物的认知和融入陌生的群体。

而个体原因，多半是因为我们自身原因造成的。比如，人们在接受一件新事物时，我们的大脑会根据我们自身因素对新事物做出判断，而这种判断多半是惯性思维造成的，也就是说，我们此时的判断多半是经验和知识结构作用的结果。

很多时候，我们意识不到自己存在惯性思维。比如，当我们听到别人说很冷时，我们的第一反应就是给对方拿衣服、盖被子，从来不会考虑对方可能是睡在了寒玉床上。所以，我们的惯性思维会影响我们的正常思考。

大脑训练营

为了保证以下两个实验有效果，你要在最短的时间内做出回答和进行判断。

实验1：

假如：一位公安局长正和路边的一位老人说话，这时，有一个小孩慌忙地跑过来，对公安局长说："你爸爸和我爸爸吵起来了！"，老人问公安局长："这孩子是你什么人？"公安局长说："我儿子。"

那么请问：这两个吵架的人和公安局长是什么关系呢？

如果你自然而然地认为公安局长就是男的，那就很难找到答案。如果换一个角度，你认为公安局长是女的，那这个问题就迎刃而解了。

实验2：

在桌子上摆红、黄、蓝三种颜色的球若干个，如果叫你观察蓝色的球20秒，然后再让你闭上眼睛，问你看到了几个红色的球，你会不会就傻眼了，因为你当时只专注地观察了蓝色球，根本没有注意其他颜色的球。

以上两个实验的结果如何呢？我们找了十个人，其中九个人的做法与上面情景中是一样的。我们之所以会有这样的表现，多半是受到惯性思维的影响。

那么，我们是否可以摆脱惯性思维呢？其实，即便思维再活跃的人，也难免会陷入惯性思维中。虽然惯性思维是无法避免的，但是我们可以短暂地让大脑消耗大量的能量，打破惯性思维往往是很容易做到的。那么，究竟如何做到打破惯性思维呢？

1. 学会以终为始

什么是"以终为始"？其实就是一切以目标为导向，从结果出发去思考问题的过程。这种办法十分有利于打破惯性思维。要知道，惯性思维之所以能够给生活带来危害，主要是因为在所有环境中，它都是不变的存在。而我们以结果为导向，就是要在开始动手前就了解周围环境有何不同。因此，我们自然会跳出惯性思维，最终我们的大脑也就习惯了寻求新思路、新方法。

2. 多进行自我提问

惯性思维的"恐怖"之处在于，我们在很多时候根本意识不到自己在使用老套的办事方法，或者使用习惯了的方式，这成了我们进行记忆的本能。就像很多时候，我们会在紧张的时候下意识地去摸头发、搓手一样，如果没人提醒的话，我们根本意识不到。因此，我们在记忆的过程中，也容易跟着惯性思维走，此时，我们不妨多问自己几个"为什么"，多进行质疑，这样一来，我们便能够意识到自己陷入定式思维中，久而久之，我们会逼迫自己进行思考。

3. 自问"还有没有更好的解决办法"

在生活中，我们总是会遇到大大小小的问题，此时，如果我们找到了解决办法，不妨再问问自己还有没有其他的解决办法。

如果我们能够遇到更好的解决办法，那么我们就可以跳出惯性思维，运用新的方法去解决问题。

> **知识点回顾**
>
> 在生活中，我们遇到问题之后，首先要做出假设判断，此时我们不妨从多个角度出发，下意识地去思考问题。为了能够彻底地了解和解决某个问题，我们可以全面考虑，在考虑清楚之后，再进行记忆。当然，我们要打破惯性思维，这并不是说惯性思维丝毫没有好处，在某些时候，惯性思维可以帮助我们解决一些常见的问题。而我们不能单纯依赖惯性思维来解决问题，否则，我们的大脑就会变得僵化，甚至会影响我们今后记忆力的提升。

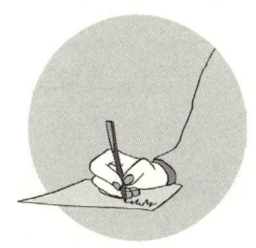

运用联想思维,提升大脑的活跃度

在现在的科学发展与研究中,人们已经意识到联想的重要性,也就是我们大脑进行联想后加工信息的重要性。联想是记忆的桥梁,要想提升自己的记忆力,就要运用联想的方法,提升自己的记忆速度。比如说一条河流将两地隔断了,如果有一座大桥,那么它就能将两地联结起来。而记忆内容和记忆结果就是被河流隔断的两地,此时,记忆过程中发挥联想就成了一条联结记忆内容与记忆结果的大桥。

在现实生活中,我们会遇到各种各样的记忆内容,甚至生活琐事也需要我们进行记忆。要进行充分的想象,建立联想,就要掌握什么样的记忆素材适合运用联想的方法。下面我们对这类记忆内容的特点进行归纳。

1. 类似或相似的

这条不难理解,就是具有相似特点的事物更容易建立联系,形成联想。比如,我们很容易将太阳与月亮联系起来,海洋与河流、高山与流水、春天与阳光等这些事物具有一定的相似之处,甚至能激发人们相同的感受。因此,对此类事物进行联想是很容易实现的。

2. 事物之间是相对的

通过一个事物,我们更容易联想起另一个事物。比如,我们常说的颠倒黑白与是非不分,通过相对的意思,我们很容易建立联系。

3. 临近或者是连接的关系

两个事物在时间、地点等方面存在连接关系,这样也容易由某一个联想到另一个。比如"牛顿"和"三大力学原理"。

联想是我们思维活动扩展以及合理地组织所造就的结果,就是与某一个事物有相关联系的另一个事物出现在脑海中,人们的联想在很多时候与自身的知识储备有关。当一个人的知识储备丰富了,在记忆某些陌生事物时,就会产生联想,从而很容易对新事物、新知识进行理解。因此,我们需要增加自身的知识储备,只有这样才能让自己的思维变得更加活跃。

既然充分的联想能够将我们的记忆之门打开，那么，我们要如何实现联想呢？

第一，学会有意识地将不同的表象重新进行组合，以形成新的表象。比如，我们一看到猪八戒就会想到《西游记》。

第二，对身边普遍存在的事物的特征进行归纳，形成新的表象。比如，我们看到的花朵，其相同的特点就是芬芳，这让我们自然可以联想到香水。

第三，学会掌握不同事物之间的相似性进行联想。联想往往可以通过比喻来实现，比如，我们把爱唠叨的人比作《大话西游》中的唐僧。两者的特点是相同的，因此运用比喻是能够实现联想的效果的。

第四，我们需要将适合于一定范围的性质进行夸张，这主要在于通过用具体的局部特征进行夸张来实现联想。

大脑训练营

每天利用十分钟的时间，静静地思考。我们可以选择生活中的任何一个物体或者是对任何一个事件展开思考，坚持一段时间，我们的想象力就能得到提升。比如：

一片枫叶——秋天——大雁南飞——南方四季如春——云南昆明——傣族泼水节——美食——美景

电动车——飞奔在马路上——交通安全——交通损失——人身保险——保险公司

在我们记忆的过程中，只要善于联想，总能够找到适合联想的坐标，从而让我们在记忆复杂事物时变得相对简单起来。一个善于联想的人，往往能够利用自己灵活的思维方式，打破固有的思维方法，从而实现快速记忆。

知识点回顾

对于一些人来讲，他们可以通过联想让自己的记忆变得随心所欲，这就是我们所说的"记忆高手"。当然，要想锻炼自己的联想思维力，就必须有意识地去锻炼自己的大脑，避免出现思维停顿和"偷懒"的现象，最终，实现超强记忆的目的。

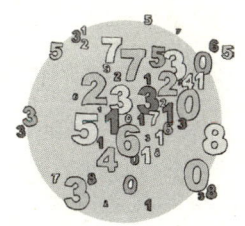

培养发散思维，实现高效记忆

发散性思维指的是从各种不同的方面进行思考，而不是单纯地沿用一条线路进行思考，这种思考方式需要重组眼前的所有信息，从而产生新的信息。这种思维的特征是敢于打破习惯和思维程序，赋予它开拓创新的意识。发散性思维需要从不同的角度去考虑问题，让自己的思维变得更加活跃，从而实现高效记忆。

如何培养发散性思维呢？

1. 一题多解

在处理事情的时候，不要单纯地运用一种解决办法，即便是处理类似的事物，也要学会运用不同的方法进行解决。比如，我们需要去图书馆查阅资料，通往图书馆的路可能会有很多条，此时，我们可以变换路线，而不是永远只走自己熟悉的那条路。再者，我们需要查阅一些资料时，不一定非要去图书馆，还可以在网上进行查阅。同样地,我们要学会举一反三,学会融会贯通,这有利于开拓思维和发展智力,从而提升自己的记忆力。

2. 分类法

我们每天都会面对各种各样的事情,有重要的事情,也有不重要的事情,甚至还有一些毫无意义的事情。因此,我们要学会进行分类,分类是为了方便思考。比如,我们对日常必须做的习惯性的事情进行统一分类,早起洗脸、刷牙、吃饭等,这类事情往往不需要过多投入思考。对于学习中的事情则需要进行思考,并进行认真分析,而分析的过程就需要我们进行记忆了。

大脑训练营

对以下二十个词进行分类:

花生 电脑 暖壶 生气 钻石 开心 苹果 书本 茶叶 奶瓶
苦恼 汽车 火柴 烦躁 花朵 天空 面包 相框 咖啡 地垫

我们可以按照不同标准来进行分类。

第一种分法:

可食用的:花生 苹果 茶叶 咖啡 面包

不可食用的：电脑 暖壶 钻石 书本 奶瓶 汽车 火柴 花朵 天空 相框 地垫

其他：生气 开心 苦恼 烦躁

第二种分法：

食物：花生 苹果 茶叶 咖啡 面包

日用品：电脑 暖壶 钻石 书本 奶瓶 汽车 火柴 花朵 天空 相框 地垫

情绪：生气 开心 苦恼 烦躁

可见，分类不同，其思维方式和导向也是不同的。因此，我们在面对同一事物时，不妨从多个方面进行思考，这样能够锻炼自己的思维。

3. 丰富自己的知识储备

在日常生活中，我们要有意识地去储备知识，而对知识的掌握可以通过很多渠道，比如网络、书本等，这就需要我们主动去学习。在学习的过程中，我们能够发现很多知识有利于我们解决生活中的一些问题。比如，当我们知道什么是"蝴蝶效应"之后，我们就能够明白为什么一点点的小事情会引起轩然大波，甚至会造成很严重的后果，在今后的学习中，我们才能够更加投入，避免自己犯下大错误。

对于发散性思维，我们要有意识地进行训练，毕竟某一种思维方式的形成并不是天生的，而是通过后天的锻炼和训练造就出来的。训练方法主要有以下几种。

第一，推陈出新训练法。当我们看到、听到或者接触到一件事时，我们应当尽可能赋予这件事情新的性质，从而摆脱旧方法的束缚，运用新观点、新方法体现出创造性。

第二，集思广益训练法。培养发散性思维，我们可以借助团队的力量或者学会借助他人的智慧。比如，我们可以将团队集中起来，然后通过出谋划策的方式，鼓励所有人说出自己的想法，而我们可以借鉴别人可行的方法，丰富自己的思维意识。在很多时候，这种方法能够让我们在最短的时间内掌握新的思维方法。

发散性思维是集灵活性、智慧性于一体的思维方式。所谓发散性思维，是追求思维方式的创新，而不是固守一种思维方式。从另一方面来讲，发散性思维要求我们的大脑要善于思考、多思考、勤思考，而不是故步自封。当然，发散性思维并不是说我们可以漫无目的地进行思考，每一种思考方式都有其目的性，我们要有目的地去进行思考，而不是胡思乱想。爱因斯坦是具备发散性思维的代表人物，或许正是因为他恰到好处地运用发散性思维，才让他拥有了万人瞩目的成就。因此，我们要学会利用发散性思维来提升自己的记忆力,提升记忆速度和效率,让我们能够在最短的时间内掌握事物的精髓和发展方向,最终实现提升记忆力的目的。

> **知识点回顾**
>
> 发散思维是一种活跃性思维方法。在很多时候,我们要做的就是让自己的思维变得更加活跃,从而让自己在活跃的思维基础上,实现最终的记忆。

当心齐加尼克效应找上我们

说到齐加尼克效应,或许你会觉得十分陌生。其实,齐加尼克效应指的是因工作压力导致心理上的紧张状态。那么,放在青少年身上,学习也是一个完成任务的过程,所以,齐加尼克效应也会出现在青少年的身上,让其心理处于紧张状态。

法国心理学家齐加尼克做过这样一个实验:他将接受测试的人分成两组,两组人都需要在特定的时间内完成20项任务。齐加尼克对其中一组进行了干扰,因此,最终他们没有完成任务。而另一组,齐加尼克未进行干扰,因此,他们顺利完成了任务。

经过测验发现,虽然两组都在接受任务时处在紧张的状态,但是没有完成任务的一组,他们的思绪总是被那些没有完成的工作所干扰和困扰,而心理上的紧张压力难以消除,而另一组完成了任务,他们的紧张状态随之消失。

由此可见,一个人在接受一项任务时,会产生一定的紧张心理，而只有任务完成，紧张心理才会消除，如果任务没有完成，紧张心理往往会持续不变。在记忆任务下达的时候，如果我们保持紧张心理，却没有达到记忆的效果，那么就会出现齐加尼克效应。这种紧张心理如果长时间困扰我们的内心，不仅会对我们接受下一项记忆任务十分不利，还对我们的大脑运转造成一定的负面影响。

我们都知道在做某项事情的过程中，我们往往会承受一定的压力。要知道适当的压力能够让我们提高办事效率，但是压力过大，则会成为心理负担，这种负担会影响我们去记忆，同时也会影响我们去思考事物。

那么，我们要如何避免出现齐加尼克效应呢？

1. 把产生压力的问题逐个列出，让自己了解问题的存在

无论是在生活中，还是在学习中，我们都会或多或少地遇到问题，因此，在处理这些压力的时候，我们不妨列一个清单，这样做就是为了让自己清楚，目前面临着哪些问题。问题可能包括：本月哪门课程会有测试，本月哪门课程的哪些章节比较难，同学关系是否都很融洽，与父母之间有没有要解决的问题，等等。制定的这个清单，应该能够囊括所有能让自己感到焦虑和有压力的事情。

2. 不妨找出可以避免的压力

回顾一下我们的清单，标出能够直接施加影响的问题。在生活中，这些是能够用具体行动来消除的。比如，标明我们可以运用什么办法来消除焦虑或者解决目前存在的问题。再如，在与同学产生矛盾后，我们可以标出发生矛盾的原因，以及弥补两人关系的办法。通过有针对性地寻找解决问题的办法来减轻自己的心理压力，找到帮助自己缓解压力的途径。

3. 找出可能避免的压力

很多时候我们可能无法预料自己会遇到哪些问题，也可能不清楚自己会面临哪些压力，这个时候，我们不妨列一个清单，通过这个清单找出自己可以避免的压力。在这个清单中，你要知道自己到底需要什么，知道容易让自己产生压力的事情是什么，从而可以避免那些给自己造成压力的事情。在这个清单上，要列出每个问题应采取措施的必要行动，从而认清问题所在。

4. 找出不可避免的压力所在

在生活中，我们会受到很多因素的干扰，如疾病、职场竞争等。有些因素超出了我们控制的范围，因此，我们需要做的就是让自己尽量去避免面对这些压力。

> **经典案例**
>
> 1888年，在美国进行第23届总统竞选之日，竞选十分激烈，而候选人本杰明·哈里森却很平静地在等候最终的结果。
>
> 哈里森很清楚自己的主要票仓在印第安纳州。只要印第安纳州的竞选结果成功，那么他就能够稳坐总统的宝座。晚上11点钟，印第安纳州的竞选结果出来了，一个朋友兴高采烈地给哈里森打电话表示祝贺，却被告知哈里森很早就上床睡觉了。
>
> 第二天上午，那位朋友又打来电话，问哈里森怎么能睡得着。哈里森笑着解释说："熬夜并不能改变结果。如果我当选了总统，那么我知道我以后的路会很艰难。所以不管从哪方面考虑，休息好都不失为明智的选择。"

可见，休息是明智的选择，对于我们来讲，无论是学习还是生活所带给我们的压力，都可以通过休息来得到缓解。哈里森明白这一点，他很清楚自己要面临的压力有多大，只有休息能帮助他缓解压力。

没有人希望自己长时间处在紧张状态中，但是不得不说，我们的确会遇到很多让我们的内心变得紧张的事情。因此，在遇到这些事情时，首先我们要保持镇定，不要慌乱，静下心来找到应对的办法和对策。如果暂时不知道如何解决，不妨让自己的大脑休息一下，给自己营造轻松的环境和氛围。当大脑得到充足的休息之后，也许我们会找到更好的解决问题的办法，从而克服紧张的心理，实现创新性思维，高效地进行记忆。

当然，我们应该正确认知生活和学习中的压力和紧张，并不是所有的压力都是不好的，也并不是没有压力的情况下，记忆力就好。适当的压力能够促使我们高效地进行记忆，而毫无压力的环境反而会让我们的大脑变得涣散，甚至是不去主动记忆。因此，正确面对生活中的压力，给大脑提供一个积极向上的记忆环境，这对我们的记忆才最有利。

知识点回顾

对于我们来讲，齐加尼克效应不仅会影响我们的学习，还会影响我们的大脑做出迅速反应并进行思考。如果我们的大脑长时间保持紧张，那对我们的思维是十分不利的。这种紧张往往会成为一种负面的情绪，影响我们的学习和生活，同时也会对我们的记忆力造成不良的影响。

第五章

6种科学方法助力，练就"百变记忆"

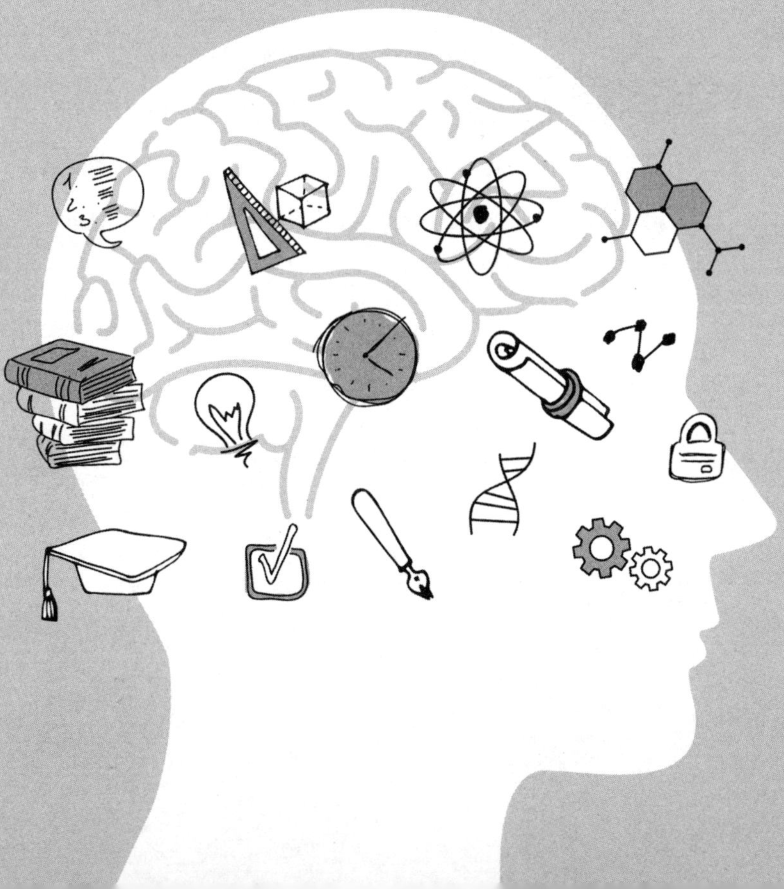

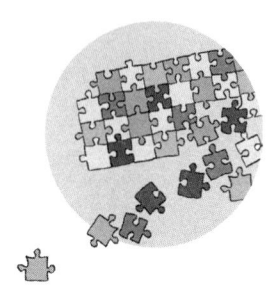

图像记忆法

图像记忆法是记忆方法的一种。这种方法是目前最合乎人类大脑运作模式的记忆法之一,经过研究发现,这种记忆法可以让人在短时间内记住上千个电话号码,并且能够在一个星期内不忘记。掌握这种记忆方法,能够让我们在极短的时间内记住看似完不成的记忆任务。

从某一个层面进行分析,图像记忆法的手段是联想,通过联想的方式将需要记忆的东西做比较夸张、容易引起自己注意的记忆,同时这种记忆方法并不讲究合理与否。因此,这种记忆法可以广泛应用于我们的生活和学习中,并能够起到很好的记忆作用。

大脑训练营

下面是一组需要进行语义记忆的单项词语:

天空　车牌　公交站　科尔沁草原
紧张　火箭　火星　　足球联赛

对于你来说，这一组词语记忆起来可能没什么难度，但是不妨运用图像法来组织记忆，你会发现图像记忆的好处所在。

用图像记忆法组织记忆：

天空带着车牌飞奔到了公交站，发现科尔沁草原在紧张地坐着火箭飞往火星参加足球联赛。

这种图像记忆法看似没有逻辑，甚至不符合常理，却能够帮助我们进行快速记忆。因此，我们要善于利用图像记忆法。

图像记忆法并不是单纯地根据图像产生记忆，而是大脑自然而然地自行形成图像，从根本上提高记忆力。当然，实现图像记忆法就要实现图像联想法，而图像联想就是大脑制造清晰而具体的图像。具体、清晰的图像是什么呢？很简单，比如，我们现在想象一只公鸡，我们都能想象出来公鸡的基本特征，但是要想象每一根羽毛是什么颜色，眼睛是什么颜色等这些细节问题，就是所谓的具体、清晰的图像了。

图像记忆法需要我们进行细节思考，细节能够强化图像，也可以赋予图像灵魂，让我们在很短的时间内完成记忆。比如，提到玫瑰花，我们想到的玫瑰花是什么样子的呢？首先是红色的花瓣，然后是带刺的一支玫瑰花，或是没带刺的一束玫瑰花。这些都是细节图像的记忆。

在生活中，我们经常会遇到一些抽象的材料或记忆内容，此时，要将抽象的内容转化成图像，就需要发挥联想功能，并且恰当地借用图像来达成目的。当然，既然是借用具体图像来进行记忆，那么就要求我们能够记住原有的抽象事物或概念。

有些人认为自己的头脑已经成了"固体"，认为自己的记忆能力或者图像想象力不好，因此，自己没有办法进行图像记忆法，甚至会将自己的记忆力不好归结于想象力太差。其实，所谓的想象力不好，多半是一种预设立场，也就是先入为主的心态。在很多时候，一个人的想象力不好，多半是因为这个人没有给自己留足施展想象力的足够空间和时间，他们总是逼迫自己在不可能完成的情况下实现想象。我们要相信自己拥有丰富的想象力，在遇到问题时，要给足自己空间和时间去展开联想，从而实现图像记忆法。

经典案例

在一家培训机构的教室里，坐满了成年人，他们都是来参加消防工程师考试的。在开始的时候，这些人都对消防知识掌握得很少，甚至对其一点儿都不了解。但是，在经过一段时间的培训之后，他们都能够顺利地记忆相关材料，尤其是晦涩难懂的材料。

> 用授课老师的话来讲，他们从零基础到现在基本上能够对晦涩的概念全部知晓，都是通过图像记忆法实现的。尤其是面对一个个晦涩难懂的概念和专业数据时，他们都需要进行联想，从而对其进行分解，最终成功记住了。

我们利用图像记忆法完成材料的记忆，在这个过程中，需要注意哪些方面的问题呢？

首先，我们需要了解自己需要记忆材料的内容属于哪方面。比如，如果我们记忆的内容属于抽象的，那么我们就要进行大胆的联想和想象，找到材料所能依托的形象。从某一个方面来讲，我们需要做的就是让我们的思维变得更加顺畅。

其次，除了要了解记忆材料之外，我们还可以对图像记忆法进行巧妙的利用。虽然这种方法是比较常用的记忆方法，但并不是所有的记忆内容都适合运用这种方法进行记忆。因此，对于那些数据性的材料，可能无法实现图像记忆。因此，我们要巧妙地利用这种记忆方法，而不是见到任何需要记忆的材料都用这种方法进行记忆。

图像记忆法是一种比较常见的记忆方法，在学习的过程中，我们经常会用到这种记忆方法。在很多时候，我们要将自己的思维打开，即便是抽象的事物也能够找到合适的图像。因此，我们不妨多利用图像记忆法去记忆材料，以达到长久记忆的效果。

知识点回顾

在很多时候,我们要思考自己的记忆方法选择得是否正确。在分析了记忆材料之后,如果可以选择图像记忆法,那么我们往往能够在短时间内完成大脑的记忆。当然,如果我们的记忆材料过长或者过多,这种方法可能就不太适用了。

链式记忆法

什么是链式记忆法？所谓链式记忆法，指的就是将不同的事物进行连接，以此实现全部记忆的目的。比如，要记忆A、B、C、D、E，链式记忆法所表现出来的形式就是A—B—C—D—E。这就好比是用了条链子将各个事情连起来进行记忆。这样在记住了A的时候，自然会连带着想到B，顺次就会想到C，想到D，然后想到E。举个十分简单的例子：孔雀—洗发水。我们可以想象成孔雀用了洗发水清洗羽毛之后，羽毛才又光又亮。

链式记忆法通常是通过创造性的联想来实现思维变化的，在记忆的过程中，需要找到材料与材料之间的连接点，从而形成记忆链条，进而更加方便、简单、轻松地记住大量的材料。链式记忆法非常适用于记忆较多的材料，尤其是一些相对零散的材料。

链式记忆法对记忆有很大的帮助，那么运用这种记忆方法需要注意哪几个方面呢？

首先,要学会调动多种感官进行记忆,如调动触觉、嗅觉、味觉等多种感觉器官,这样做能够让链式记忆效果更牢固,建立起来的链条才能够更适用,也才能更有助于记忆。

其次,要保证在记忆的时候不能乱了顺序。比如"A—B—C—D",要先A,后B,再C,最后D。如果我们建立链条的时候,将C放到了B前面,那自然就不利于我们进行记忆。比如"大雁—月亮—长裙",可以记忆成大雁飞到月亮上,看到了穿长裙的嫦娥。但是不能记忆成大雁看到穿长裙的嫦娥飞到了月亮上。

再次,每一个记忆事物都代表一种意象,这就要求链式记忆法的意象清晰具体。比如,我们还以"大雁—月亮—长裙"为例,可以将"长裙"想象成尼日利亚风格长裙,也可以想成碎花长裙,但要具体深刻,能够达到记忆的目的。

最后,无论记忆哪种画面,都要学会重复,直到印象深刻和快速记忆每个知识点。重复也被称为大脑的一种复习方法,我们记忆任何材料都需要大脑进行主动复习,只有复习了才能够实现记忆长久。

链式记忆法要求我们的想象力足够丰富,在大脑中营造的画面可以是滑稽的、奇怪的、夸张的,甚至说越夸张越好。总之,能够让我们记忆深刻的方法,都可以利用。只有夸张的方法,才能让我们的大脑记忆变得更加顺畅。除此之外,在使用链式记忆法的时候,我们要学会调动多种记忆法,如将声音记忆、理解记忆和图像记忆结合起来,效果会更好。

在使用链式记忆法的时候，可能会遇到一些问题。比如，在记忆抽象材料的时候如何进行记忆。在进行这种记忆的过程中，首先要了解自己需要记忆材料的内涵是什么，也就是说需要我们先去理解材料。其次，在材料上圈划出关键点。再次，要多朗读几遍，朗读多了自然会产生记忆。最后，利用关键点进行联想。

当然，在记忆的过程中，我们也会遇到过于抽象的材料，在这个过程中，我们要做的就是让自己先从困难的记忆材料中跳出来，将其他容易记忆的内容记住后，再进行尝试。

比如，在背古诗词的时候，我们读前几句可能很容易就记住，最后的内容也会很容易记住，但是中间的内容总是不容易记忆，这个时候，我们不妨先跳过，等其他都背过之后，再进行专项背诵。

每一种记忆方法都有它的记忆规律和技巧，因此，我们在使用链式记忆法时，一定要掌握其中的关系，对关系的记忆就是对记忆材料的一种加深记忆。

当然，在使用链式记忆法时，一定要注意，对自己建立的链条要能够起到记忆的作用，要知道并不是所有的事物都能够进行记忆，也并不是所有的材料都能够建立链条。如果我们单纯为了建立链条，那么也是无法完成记忆的。比如，我们为了记忆"大象—春天—事故"这种简单的记忆材料，完全不用建立链条，只要读两次就能够记住了。此时，就没有必要建立链式记忆。

在使用链式记忆法的时候，我们需要专注地进行想象，如果我们所寻找的事物不能代表我们所要记忆的材料，这在无形中就会增加记忆的难度。因此，利用这种记忆方法，能够让我们在有限的时间内完成事物之间的关联记忆。

在生活中，链式记忆法的运用也相当广泛，达到的效果也一目了然。因此，我们需要合理使用这种记忆方法，从而让自己的记忆变得更加顺畅。

> **知识点回顾**
>
> 记忆本身就是对材料的一种处理加工。在使用链式记忆法时，更要注重对记忆材料的选择与加工。只有深刻的加工，才能让大脑的记忆变得深刻，才能实现长久性记忆。没有人愿意让自己的记忆停滞，这就要求我们多建立事物之间的联系。

定位记忆法

什么是定位记忆法?玛丽莲·梦露(Marilyn Monroe)说过一句很有影响力的话:"强迫我记住那些话,我是记不住的。我得记住那种感觉。"玛丽莲·梦露所说的"那种感觉",其实就是我们要说的"定位法"。我们可以通过自己的感官,将一些积极的情感特点和我们的身体联系起来,或者是将外界的刺激与内心联系起来,从而达到加强记忆的效果。

定位记忆法究竟是如何实现记忆的呢?我们不妨了解一下定位记忆法的七个步骤。

第一步,记忆之前,我们要放松心情,我们可以选择一把比较舒适的椅子,坐在椅子上,然后紧闭双眼,呼吸平稳而缓慢,让自己感觉轻松自在。

第二步,回忆一下以往令我们感到幸福、成功、兴奋、快乐的情景或者经历,并像品尝美食一样来品味生活。这种经历可以是这样的：我们在学习过程中弄懂一个问题，并获得了一定的成绩，得到了老师的赏识和夸赞，从而在班级上得到了别人的认可。

第三步，集中全部注意力回想这个经历，尽量详细、具体，甚至再现整个经过和细节。不仅回忆整个事件，还要尽量让自己的身体处在当时处的那种状态中。从而注意我们的所见、所闻，以及回忆当时的感受。除此之外，我们要尽力回忆当时我们想要实现的或者说想要面对的问题是什么，将一些能够回忆起来的都进行回忆。

第四步，当我们真正感觉到身临其境时，我们可以触摸5分钟下巴。当我们再次触摸下巴的时候，我们也就能够再次回忆起当时的那种快乐心情，甚至能够回想起曾经发生的事情，还能够在大脑深处产生更深刻的印象和记忆。

第五步，间隔10分钟，然后再摸一下我们的下巴。我们又经历了记忆当中的那种感觉了吗？这时，我们的下巴就成了积极的条件反射，这种积极反射与我们大脑中的消极反射是呈强烈对比的。这个时候，我们需要把"下巴"当作触发器，从而产生一种积极的心理和心态，从而让我们的身体固定在这种积极的触发点上。一旦我们触发了这个点，就会产生积极的心态。

第六步，还可以有所变动。比如，当我们需要参加某个大型活动、发言、上台，或者是参加某个考试时，我们要做的就是让自己表现得不那么紧张。此时，我们也可以触摸自己的下巴，从而让自己变得不那么紧张,从焦急到平静,再到信心十足。

第七步,我们可以遵循上述步骤,在右手的第一个指关节上固定对上台演讲的焦急感,在第二个关节上固定对压力的平静感,在第三个关节上固定疼痛时的镇痛感。间隔10分钟,然后检验这种定位法。

按照以上七个步骤,当我们再次面临压力、疼痛等不良情绪与感受时,我们便能够运用定位法来进行解决。

大脑训练营

用定位记忆法记忆一般的词语。

用1~10号定位记忆10个词语。

序号	定位词语	词语	记忆方法
1	大山	哨兵	哨兵站在大山顶放哨
2	电脑	轮船	轮船上承载了一船的电脑
3	学校	水杯	学校里每个学生都有自己的水杯
4	书	高楼	高楼是靠书中的智慧建起来的
5	松鼠	吸尘器	松鼠吃松子就像是吸尘器吸土
6	老虎	动画片	动画片里面有一只可爱的老虎
7	小鸟	大森林	大森林里有很多小鸟
8	树木	刷牙洗脸	树木在学刷牙洗脸

（续表）

序号	定位词语	词语	记忆方法
9	椅子	清洁剂	小女孩用清洁剂擦拭椅子
10	大米	交警	交警饿了，去饭店吃大米

认真阅读两遍之后，测试一下自己的记忆效果。

（1）从1号到10号进行记忆。1号对应的是什么？2号对应的又是什么？

（2）从10号背到1号。10号对应的是什么？9号对应的又是什么？

（3）随便说出一个序号，看对应的是什么？

（4）动画片对应的是什么？交警对应的是什么？

通过这种定位练习，能够让复杂的事情记忆起来变得相对简单。因此，在使用这种记忆方法的时候，我们要学会寻找定位点。

我们用定位记忆法记忆成语。

序号	定位词语	成语	记忆方法
1	雨伞	心想事成	下雨了，雨伞心想事成了
2	汽车	胸有成竹	开着汽车胸有成竹地去参加同学聚会
3	冰块	粉身碎骨	冰块钻进了火炉里，被火烧得粉身碎骨

（续表）

序号	定位词语	成语	记忆方法
4	太阳	顺其自然	太阳东升西落是顺其自然
5	烧饼	津津有味	男孩儿津津有味地吃着烧饼
6	医生	不苟言笑	医生总是不苟言笑地在看病
7	老鹰	聪明绝顶	老鹰看到一个聪明绝顶的教授
8	玫瑰花	助人为乐	助人为乐的人长得都比玫瑰花还漂亮
9	眼睛	垂头丧气	垂头丧气的人总是耷拉着眼睛
10	电影	假公济私	电影里的那个人就知道假公济私

认真阅读两遍之后，测试一下自己的记忆效果。

（1）从1号到10号进行记忆。1号对应的是什么？2号对应的又是什么？

（2）从10号背到1号。10号对应的是什么？9号对应的又是什么？

（3）随便说出一个序号，看对应的是什么？

（4）助人为乐对应的是什么？津津有味对应的又是什么？

定位记忆法就是将比较难记的材料进行定位，找到形象的替代物，从而实现记忆。无论在什么时候，我们都需要进行合理的记忆，而定位记忆法就是让我们利用多种感官来完成记忆。

知识点回顾

　　定位记忆法是记忆方法的一种,也是我们进行记忆的一种手段。采用这种方法记忆需要花费一定的时间。因此,在记忆比较难记忆的材料时,可以进行思考运用。当然,这种记忆法需要平时多加练习和运用,否则达不到好的记忆效果。

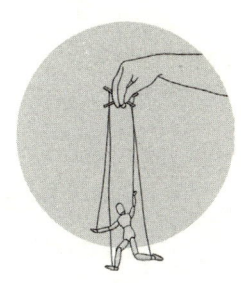

数字记忆法

研究人员发现,现如今很多记忆方法都是通过右脑来完成记忆的。也就是说,右脑更乐于帮助我们进行记忆,这主要是因为右脑记忆的效果是左脑记忆的一百万倍。而数字属于左脑掌管,可以说是左脑记忆的代表,没有任何的形象,只是单纯的数字符号,因此,在进行记忆的时候,我们可以用数字进行记忆,这样无疑是利用全脑的一种记忆方法。

数字记忆法就是根据数字的谐音或者是固定数字代表的事物来进行材料的记忆。在很多时候,我们的记忆材料是十分凌乱的,这时我们就要运用数字记忆法来进行记忆。

记忆数字的过程可以看作记忆扑克牌的过程,代码十分重要,如果选取的代码不合适,就很难最大限度地发挥记忆。当然,如果我们选取的代码能够给自己留下深刻的印象,那么结果就不一样了。

下面几个场景，你会对哪个产生深刻的印象呢？

场景一：

一辆汽车飞驰而过。
一辆垃圾车慢悠悠地从你身边驶过。

场景二：

天气炎热，树上的知了不停地叫着。
天气炎热，海边有一群小孩在游泳嬉戏。

场景三：

一个孩子坐在桌子前面学习。
一个孩子穿着破破烂烂的衣服，趴在石头上学习。

对于以上三个场景，想必我们会对每个场景中第二个描述的内容产生更加深刻的印象。比如，我们身边经常会驶过汽车，而垃圾车的臭味总是能够引来我们专注的目光，因此我们的印象也会比较深刻；夏天，知了的叫声似乎代表了炎热，我们不会过多地关注，而海边一群小孩在游泳嬉戏，总是能够引发他人的注视；一个孩子坐在桌子前面学习是十分常见的事情，而一个穿着破烂的孩子,没有桌子,只能趴在石头上学习,这个场景总是能够引发我们的深思。

通过对这三个场景的对比,我们不难看出,大脑会对一些不常见的事物产生深刻的印象,而对于一些常见的事物会忽略它们的影响力。对于数字记忆也是如此,我们只有加深数字在大脑中的印象,才能让自己的记忆力变得更强。

我们要进行数字记忆法的学习和锻炼,首先要了解以下数字记忆的类型。

1. 怀旧型

这种类型的数字记忆能够引发自己对往事的回忆,因此,在记忆数字的时候,就会遇到似曾相识的感觉,从而加深记忆的印象,增强记忆效果。比如:

57:武器(装甲车、大炮)

2. 喜好型

这种类型的数字记忆主要是根据自己喜欢的事物或者自己爱好的相关事物展开的,在记忆的时候,看到这种事物通常会让自己心情愉悦。比如52,往往代表了幸运(《幸运52》节目);53代表了午餐,在学习了一上午之后,吃午餐时间往往是最放松的时间段。

3. 反感型

比如，我们忌讳的物品或者有强烈厌恶色彩的事物。比如55（腐乳），很多人不喜欢腐乳的味道，并且它看起来也不美观。

4. 多元型

所谓多元型，指的就是各种各样的类型。比如，07代表暴力，14代表钥匙、要事，15代表月饼、团圆。

使用这些数字能够让自己产生强烈的感觉，从而在记忆过程中也会留下比较深刻的印象，它比一般的代码更容易使用。其实，人们对每个数字代码都是有感觉的，只是这种感觉是否强烈而已。

大脑训练营

对以下数字代码的物品进行记忆：

01——灵药

02——银耳

03——灵山

04——零食

05——领舞

06——领路

07——灵气

08——淋巴

09——菱角

10——衣领

在运用数字记忆法的时候，应该恰到好处地进行运用。并不是所有的记忆材料都适合运用数字记忆法，数字记忆法对那些较长的材料是起不到记忆作用的。如果单纯依赖这种记忆方法进行记忆，就会让我们的记忆变得十分混乱。

运用数字记忆法是为了加强记忆，而不是单纯地为了数字而记忆。比如，我们如果定了88代表金钱，那么就不要轻易改变它在我们心中的定位，一旦改变，就很容易产生混淆。因此，在运用数字记忆法的过程中，一定要选定数字代码，选择的数字代码最好能够与事物产生联系，这样很容易对记忆材料进行记忆。

在生活中，我们也经常会遇到一些熟悉的数字记忆代码。比如，当看到6的时候，我们就会想到"顺""寿"；看到1314的时候，就会想到"一生一世"；看到520的时候，就会想到"我爱你"。这些已经被广泛使用的数字记忆很容易在我们的大脑中定格。因此，在进行记忆的时候，要尽量遵从我们的记忆习惯，不要轻易改变，否则会影响我们的正常记忆，甚至会使我们的记忆变得混乱。

数字记忆法是我们进行深刻记忆的一种方法，这种记忆方法的使用过程本身就是一个记忆的过程。因此，我们要想使用这种记忆方法，需要投入大量精力去选择适合的数字代码，从而方便我们进行材料记忆。

知识点回顾

数字记忆法的运用是为了方便我们进行记忆，加深记忆。我们在运用的过程中，千万不要随意改变数字代码，否则会影响我们的记忆，从而打乱我们的记忆顺序。

信箱记忆法

什么是信箱记忆法？简单来说，就是按照一定的模式和步骤来进行记忆。

我们都知道，信箱有收取、长期保存的功能，因此，在进行记忆训练的时候，我们会将记忆处理好的资料和按照顺序设定的信箱对照起来，并进行联结。这样一来，这些资料就会牢牢地存储在信箱里面。在我们需要运用的时候，就会直接按照需要从信箱中取出来。这就是我们常说的记忆材料的"保险箱"。如果我们能够熟练地运用信箱的收取、存储功能，我们便能够将大脑的容量和记忆进行持久的联系，从而大大增加大脑的记忆。

信箱记忆法是记忆的一种方法，在运用这种记忆法的时候，我们不能像邮递员投递信件那样，直接将记忆放进大脑，而是需要按照一定的模式进行记忆。这种特定的模式，往往需要我们的大脑经过训练才能实现。因此，要熟练掌握以下三个关键要点。

1. 先设立信箱

在运用信箱记忆法的时候，设立的信箱一定要使用实际的物品及地点等，这是十分关键的一步。我们可以选择一些比较熟悉的地点、物品、身体位置等作为信箱。我们只有熟悉物品、地点，才能让大脑在遇到记忆材料后形象地呈现出来。

如果我们设立的信箱是自己都没有见过的物品，那么我们是没有办法在大脑中呈现出其原本的形象和大小的，这样的信箱就容易使大脑忽略，对大脑记忆起不到帮助作用，甚至还会干扰大脑的记忆，减缓记忆的速度。除此之外，在设立信箱的时候，一定要考虑清楚大脑信箱设立的相关要求。比如，有10项资料，我们就可以设立10个信箱；有20项资料，我们就可以设立20个信箱。当我们理解这些之后，哪怕是让我们记忆一本《诗经》的内容，我们也能够找到相应的信箱，从而进行轻松的记忆。

2. 设立的信箱要按照一定的顺序

不按照顺序，随便设立信箱，是不利于记忆的。在我们采用信箱记忆法的时候，我们设立信箱的顺序是保证我们能够高效进行记忆的关键所在。如果我们没有按照信箱的顺序进行记忆，或者是打乱了记忆顺序，虽然也能把资料全部记住，但记忆的内容就会十分混乱，甚至在运用的时候会常常找不到所要提取的信箱。

很多时候我们设立信箱，都选择自己比较熟悉的地方来设立。比如，家中的物品、学校、办公用品等，这些东西都是比较零散的，因此，如果不按照顺序进行设立，那么就很容易出现重复的可能，所以信箱按照一定的顺序来设立就显得非常重要了。

通常情况下，我们会按照两种顺序来设立信箱：一种是从左到右或者从右到左的顺序，另一种是从上到下或者从下到上的顺序。我们以从上到下的顺序来设立信箱。比如，我们以人体来设立信箱，第1信箱设立为"头"，第2信箱设立为"耳朵"，第3信箱设立为"脖子"，第4信箱设立为"胳膊"，第5信箱设立为"前胸"，第6信箱设立为"肚子"，第7信箱设立为"手掌"，第8信箱设立为"腿部"，第9信箱设立为"小腿"，第10信箱设立为"脚"。从上到下设立了10个信箱，这样我们可以轻松记住每个信箱的顺序。

3. 要使用链式记忆锁链或者串联在记忆资料的前面

这样的好处是能够快速找到信箱里面所承载的资料。只要是我们能够想到是第几个信箱，这个信箱所承载的资料就能够轻松提取出来。如果我们将信箱串联在记忆资料的中间，就很容易出现找不到信箱，无法实现记忆目的的情况。

我们了解了信箱记忆法的三个关键要素之后，就可以对设立信箱记忆来进行锻炼了。如果我们想长期记忆或者想在短期记忆中记住大量的学习材料,那么我们所设立的信箱材料应该是丰富的、常用的、熟悉的,这样有助于我们进行记忆。

大脑训练营

我们设立一系列的人物信箱:猪八戒、孙悟空、唐僧、沙和尚。我们对下面《长恨歌》的节选部分进行记忆。

杨家有女初长成,
养在深闺人未识。
天生丽质难自弃,
一朝选在君王侧。

下面我们来进行对应。

(1)猪八戒——杨家有女初长成。
(2)孙悟空——养在深闺人未识。
(3)唐僧——天生丽质难自弃。
(4)沙和尚——一朝选在君王侧。

对应起来之后,我们进行记忆。

(1)猪八戒看到一家姓杨的,有个女孩儿已经成年,就想要迎娶。

（2）孙悟空被如来佛养在闺房中，人们都不知道。

（3）唐僧可谓天生丽质，自己都很难将自己抛弃。

（4）沙和尚被挑选为武将，时常伴在君王的两侧。

现在，我们需要进行回忆，然后看看自己是否记住了。

（1）猪八戒：＿＿＿＿＿＿＿＿＿＿＿＿＿＿＿＿＿＿

（2）孙悟空：＿＿＿＿＿＿＿＿＿＿＿＿＿＿＿＿＿＿

（3）唐僧：＿＿＿＿＿＿＿＿＿＿＿＿＿＿＿＿＿＿＿

（4）沙和尚：＿＿＿＿＿＿＿＿＿＿＿＿＿＿＿＿＿＿

很多人运用信箱记忆法的时候，总是会缺乏信心，觉得自己无法记住，甚至觉得自己无法在信箱与记忆材料之间建立链式联系，此时，我们要做的就是发挥想象力，即便是天马行空的想象，我们也能够实现记忆成功。

进行信箱记忆，自然离不开位置信箱记忆，它又称为记忆宫殿记忆法。这种方法是希腊诗人西摩尼得斯创造的，其创造有很大的偶然性。通过这种方法，我们能够更加准确地记住自己想要记忆的材料，并且保证不被打乱记忆顺序。

经典案例

> 曾经有一次,西摩尼得斯受邀去参加一个聚会,聚会当场发生了很不幸的事情,宴会大厅竟然坍塌了,所有的宾客都被埋在了废墟当中。幸运的是,当时西摩尼得斯因为有事情离开了现场,所以他成了这次灾难的唯一幸存者。
>
> 因为死者都是被砸死的,所以很难按照面容分辨死者是谁,此时,西摩尼得斯想到了一个办法,他根据大厅里面不同的位置,然后展开联想。比如,他回忆哪个位置上坐着谁,凭借这种惊人的回忆,他轻松地帮助识别在场死亡者的身份,并由此得到启发,创立了位置信箱记忆法。
>
> 西摩尼得斯将这种记忆方法公开之后,迅速在古罗马流行起来,很多人都开始使用这种方法,并开始不断进行改进,从而出现了很多有记忆才能之人。

这就是位置信箱记忆法的来历,我们只要熟练地掌握这种方法,便能够在记忆事物时表现得随心所欲。同样的,我们运用这种方法是有前提条件的。比如,我们需要找到觉得熟悉的路线或者地方。再如,选择熟悉的路线,最好选择我们经常乘坐的公交车路线,这样就能够轻松地记住站名,然后按照顺序一一进行记忆了。

信箱记忆法要求我们能够熟练地对事物进行记忆。在记忆的过程中,我们需要认真地思考,每一次思考都应该是自己熟悉的,可以进行运用的。在很多时候,所需要记忆的材料就是需要我们找到合适的记忆方法进行记忆,从而实现长久记忆。

> **知识点回顾**
>
> 　　在运用信箱记忆法的时候,我们要按照一定的模式进行记忆,而不是单纯地像邮递员投递信件那样直接进行记忆。因此,我们需要掌握信箱记忆的三点要素,从而保证记忆材料不出现混乱的情况,最终实现长久有效地记忆。

转换记忆法

什么是转换记忆法？就是将我们需要记忆的材料进行转换，尤其是在遇到抽象材料的时候，运用正确的转换方法，能够将抽象的材料进行直观、鲜明的转化，从而让大脑拥有更加稳定和整体的感知，使大脑在接收到稳定的感知时，能够迅速联想到需要记忆的材料，产生跳跃式的想象，最终形成形象思维，呈现在脑海中。

经典案例

美国记忆研究专家洛雷进行过一个神奇的表演，他让观众将自己手中的一副普通扑克牌的顺序随意打乱，然后放在他面前。随后，洛雷依次看过每张扑克牌，观众再将扑克牌合在一起。这时，洛雷要求观众任意说出一张扑克牌，随后神奇的事情发生了——洛雷竟然能够马上说出这张

> 牌的位置。在场的主持人翻开一看，果然是对的。就这样观众连续翻开几张扑克牌，洛雷每次都能答对。观众惊叹道："洛雷是奇才。"
>
> 其实，洛雷心里很清楚，自己就是利用了转换法则，他对转换后的资料进行了有效链接，才实现了轻松记忆。

在运用转换法则增强记忆的时候，我们经常会遇到一个问题，就是对形象材料与抽象材料进行转换时，产生的效果可能不一样。比如，时间相同，我们记忆抽象资料与形象资料的数量相同，记住的形象资料要比抽象资料多一些。

为什么会出现这样的情况呢？因为形象的资料多半是看得到、摸得着的，或者是更能够刺激我们大脑细胞的一些物体，这样一来，大脑就能更加直接地提取到它们的图片，在记忆的过程中，就显得比较轻松了。比如，参天大树、水中落叶、海中帆船、陆上火车、行人等。然而，抽象的材料既没有形象，也无法更好地刺激大脑，在没有掌握更好的记忆方法之前只能依靠死记硬背。比如，我们常说的一些词汇：伟大、真实、超级、使用、精神、文化等。在学习中，我们也会遇到很多抽象的材料，如校规校纪、行为规范等。因此，我们需要对抽象的资料进行转换，从而让材料更好地刺激我们的脑细胞，加深印象，进而更好地进行记忆。那么，到底该怎样进行转换呢？

1. 形象材料的转换

我们先来看以下几组形象材料。

（1）水——沙子。

（2）毛衣——大树。

（3）瓜子——孔雀。

（4）红酒——白菜。

（5）苹果——沙发。

以上五组材料看似没有任何联系，如果让你单独记忆，你可能记得不够准确。但是，如果运用想象力和创造力，将这些个体材料在大脑中进行影像化，那么，记忆就变得非常简单了。

比如，水——沙子。我们在脑海中可以想象一杯水和一堆沙子，然后将两个物体进行组合。我们可以联想到把一杯水倒到沙子上，水很快渗透，这样一来，我们的记忆就变得相对简单了。

再如，瓜子——孔雀。刚看到这组材料时，我们肯定会认为两者之间没有任何关系，但是我们可以想象孔雀在啄食地上的瓜子，也可以想象观看孔雀开屏的人在嗑瓜子。我们进行联想的方式越多，越容易加深记忆。

2. 抽象材料的转换

下面我们看三组材料。

第一组：①宇宙　②概数　③公司　④伟人
　　　　⑤奖金　⑥后勤　⑦生日　⑧未来
第二组：①道理　②计划　③教育　④考核
　　　　⑤坚持　⑥懒惰　⑦灵魂　⑧猛烈
第三组：①道德　②战争　③生命　④庸俗
　　　　⑤慷慨　⑥神奇　⑦倒退　⑧再见

上面这三组，一共有24项抽象材料。如果让我们用5分钟的时间，按照顺序完整记忆下来，相信很多人是做不到的。如果我们按照自己的理解死记硬背，不但浪费时间，甚至还会产生记忆疲劳。因此，看到类似的抽象材料，我们如果能够启动大脑对抽象材料进行转换，记忆起来就相对简单了。

那么，对抽象材料进行转换的方法有哪些呢？

第一，可以寻找代表物体。所谓代表物体，多半是形象物体。比如，我们来看第一组中的词语。

"宇宙"的代表物体，我们很容易想到的就是星球、火星、木星等。不同的人思维发散的程度也是不同的，所找的代表物自然也就不同，只要你找的代表物能够使你快速记忆材料，就可以了。同样的，"概数"的代表物体，我们可以联想到1、2、3……"学校"能够让我们联想到校长、教学楼、图书馆等。以此类推，我们只要找到每一个抽象材料的代表物体，自然就更加容易按照顺序记住每一个抽象材料了。

第二，运用汉字谐音的方式来进行转换。比如，抽象的制度或者是长串的数据，我们就可以运用谐音来进行转换，从而激发大脑的兴趣，实现快速记忆。

举个简单的例子，在刚刚接触到英语的时候，很多孩子都会将英语单词的谐音用汉字写下来，背单词的时候就看下方写的汉字。虽然这样做容易导致发音不准，但是能够提高记忆的速度。我们以第二组为例，"道理"的谐音是"倒梨"，我们可以想象将梨倒出来。

第三，利用场景想象来进行转换。这种转换方法不仅能增强想象力，还能提升大脑敏感度。我们以第三组为例，在我们看到"道德"二字的时候，我们可以联想到一个人在公众场合吸烟、吐痰；看到"战争"二字的时候，我们想到的是战场上的刀枪剑影，敌我厮杀。

知识点回顾

无论运用哪种转换方式，我们都是为了提升记忆力，达到高效记忆。转换记忆法就是让我们能够将形象资料和抽象资料通过各种联想进行转换，从而达到快速记忆的目的。

第六章

掌握诀窍，记忆训练并不枯燥

限时记忆

限时,顾名思义,就是给自己限定时间,在时间上要求自己。很多时候,我们进行记忆并不是因为我们记不住,而是没有给自己制定目标,没有让自己的大脑紧张起来。我们常说不要给自己太大的压力,但是不得不承认,在给大脑设定一定压力之后,我们的大脑记忆会更加主动和积极,从而记忆效果也会更好。

限时记忆也被称作是快速记忆,这就要求我们能够在最短的时间内完成目标的记忆。限时记忆虽然留给我们的记忆时间比较短,但是其发挥的效果是不言而喻的。在限时记忆的基础上,我们再通过运用适当的方法,让我们的限时记忆变成永久性记忆,这才是我们记忆的目的。

限时记忆在现实中应用很广。比如,我们可以给自己设定在5分钟之内记住一段200多字的小古文,在3分钟之内记住10个英文单词。这种限时记忆训练是一种自己给自己设定目标的记忆方法。

限时记忆所用的时间比较短，但是它确实是所有记忆的基础。因为这种方法是记忆的起步阶段，通过限时记忆所掌握的词汇，虽然一段时间之后会有所遗忘，但是只要我们稍加提示，大脑就会自动产生相关的回忆和联系。经过几次的反复，我们的大脑记忆就会变成永久性记忆。

很多人认为大脑紧张的时候会陷入记忆困难。其实不然，记忆困难指的是大脑无法进行正常记忆，记忆功能出现了故障。那么，进行限时记忆要具备哪些条件呢？

1. 记忆之前，必须明确自己的记忆目标

如果我们不知道自己需要记住什么，单纯地给自己规定一个时间段，那么最终是无法实现记忆的。因此，在我们给自己的记忆规定时间之前，一定要知道自己需要记忆的内容是什么，哪些是需要最先记住的，哪些是自己可能记不住的。

2. 记忆材料不宜太多

当我们的记忆目标太大时，需要记忆的时间自然就会拉长，以致记忆效果可能不会太好。因此，我们可以适当地将自己的记忆内容进行拆分，制定小目标，在小段时间内完成小目标。比如，我们可以在10分钟之内完成1页课本知识的记忆。虽然我们需要记忆10页课本知识，但是只要我们进行小目标的记忆，就能够实现总目标的记忆。这样做不仅能提升我们的记忆力，还能让我

们有成就感，从而实现长期记忆。

3. 限时记忆的运用离不开大脑高速的联想和想象

很多时候我们进行快速记忆，需要的是大脑尽情地联想。联想本身就是一个记忆的过程，而要利用有限的时间进行联想，就必须有足够的时间去进行思考。因此，我们要多联想，只有这样，我们的限时记忆才能够很好地实现。

大脑训练营

请在五分钟内记住以下内容：

迢迢牵牛星

迢迢牵牛星，皎皎河汉女。
纤纤擢素手，札札弄机杼。
终日不成章，泣涕零如雨。
河汉清且浅，相去复几许？
盈盈一水间，脉脉不得语。

在生活中，我们经常需要记住很多事情，很多时候，我们在给自己规定时间之后，会有一些事情打乱我们的时间安排，从而影响我们的记忆。为了避免这种事情的发生，我们在进行限时记忆的时候要避免受到外界的干扰，即便有其他事情发生，我们也要先进行目标内容的记忆，再处理其他事情。

经典案例

> 曾经有一位十七岁考上清华大学的学霸，他不仅学习好，还能够利用课余时间完成电脑编程学习、乒乓球练习。当别人问他是如何做到快速记忆书本内容的时候，他这样描述自己的记忆诀窍："我每天会给自己规定一个时间段，在这个时间段内，我会再进行划分，比如，哪个学科的学习占到多少时间，这样一来，我就能够为自己丰富的课余生活做出时间安排了。"
>
> 通过他的描述不难看出，他之所以能够在有限的时间内完成学习，并能够完成其他内容的学习，主要归功于限时记忆，这样不仅能够实现高效记忆，还能让自己的大脑处在紧张与兴奋的状态。

我们在日常的学习过程中，需要做的就是让自己的大脑保持专注的状态。而在紧张的状态下，大脑往往是专注的，一旦我们的大脑过分放松，就不能专注地去听课、做题、复习，甚至会分心、分神。因此，在面对自己的学习任务时，我们需要做的就是让自己的大脑紧张起来，从而实现快速记忆。

知识点回顾

给自己的大脑设定记忆时限，这本身就是一种提升记忆效率的方法。同时，我们要做的不仅仅是让大脑保持兴奋状态，而是让大脑能够在最短的时间内完成一定的记忆。因此，我们不妨设定时限，让自己的大脑处于兴奋而紧张的状态，专注地记忆材料。

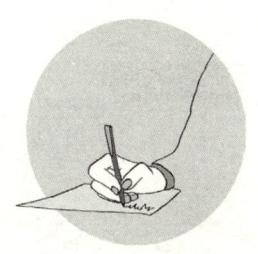

"多通道"协同记忆

什么是多通道协同记忆？其实这种记忆诀窍是一种有效的记忆方法，通常来讲，我们记忆的过程就是接收外界信息的过程。在接收外界信息的时候，接收通道有很多种，如视觉、触觉、嗅觉、听觉等，通常我们将多种感觉参与的记忆称为"多通道"记忆。

古人读书讲究"三到"，即眼到、口到、心到。说的就是在读书的过程中，要用眼睛去看，用口去读，用心去记。这也就是我们今天所说的多通道协同记忆法。这种多种感官一起进行记忆的方法要比单通道记忆效果好得多。心理学研究表明，通过不同的感觉器官接收的外界信息，对大脑产生的刺激强度有很大的差异，因此，也就产生了相差悬殊的记忆效果。

> **经典案例**
>
> 研究人员进行了这样的实验,他们让三组学生记住十张画的内容。他们让第一组学生只观察画,但是不给他们讲述画作的内容;给第二组学生讲述内容,但不让他们看画作;给第三组学生看画作的同时,又给他们讲解画作的内容。经过一段时间之后,对这三组学生所记住的画作内容进行检查,结果第一组记得较少,第二组记得最少,第三组记得最多。通过这个实验可以看出,在进行记忆的时候,调动的感觉器官越多,记忆的效果就越好。

从总体上来看,多种感官并用的记忆方法,能够得到很好的记忆效果,这是因为多种感觉器官在接收信息的时候,可以让同一内容的大脑皮层上留下很多通道的痕迹。即便是某一痕迹变得模糊了,另外通道的痕迹也会存在,这样就可以使记忆重现,加强对大脑的刺激。

事实上,记忆的规律就是这样的,动员的器官越多,记忆越深刻。同一个信息,通过眼、手、脑同时进行接收记忆,自然会让大脑皮层各个相对应的区域有不同的兴奋点,从而让我们的记忆变得更加牢固。

科学家发现人类大脑对视觉输入信息的吸收率可以达到83%,而对听觉输入信息的吸收率是11%,对嗅觉和味觉输入信息的吸收率分别是15%和1%。尽管大脑对听觉、嗅觉、味觉的信息吸收率比较低，但是它们对大脑也会产生积极的刺激，从而帮助我们进行记忆。

在日常记忆的过程中，我们需要记住的材料是十分广泛的，会有难有易。对于容易记住的材料，可能单纯地通过我们的视觉就能够达到瞬间记忆的效果。而对于那些记忆比较困难的材料，我们可以多种感觉器官一起使用，从而达到理解记忆的效果。

我们先来了解以下几种记忆通道。

1. 听觉

当消防员听到"着火了"的那一瞬间，他们脑中的第一反应就是他们有任务了。可见，我们的声音能够对大脑起到调动回忆的作用，当我们听到门铃响起的时候，我们能够很快地感知需要去开门。

只要我们开始借助声音的力量来帮助我们进行记忆，我们的记忆就开始向好的方面发展。不可否认，我们的听觉能够起到辅助视觉记忆的作用。

2. 触觉

我们身体的任何一个部位与外界接触，都可以产生触觉。就如同听觉辅助大脑进行记忆的作用一样，触觉也能够辅助我们进行记忆。比如，我们将一个人关在一个黑屋子里，他看不到任何事物，也听不到任何声音，这个时候他唯一能够依靠的就是触觉。

在提高记忆力的研究过程中，触觉经常会被称为"动觉记忆"，要知道动觉记忆是我们最难以遗忘的。比如，我们很小的时候学会了骑自行车，多年后依然会骑。这种动作的接触与联系是不会忘记的。

再如，如果我们问一个打字员，键盘上的字母是如何排列的时，他可能说不出来，也想不起来，但是，当他坐到电脑面前时，总是能够迅速地打出来自己想要打的字，这根本不需要有意识地去记忆。

3. 嗅觉

通过鼻子去闻气味，也可以辅助我们加深记忆。比如，在做完一盘菜之后，人们的第一反应是闻一闻香不香，如果人们闻到了香味，在下一次遇到这种香味的时候，就会自然而然地想到自己做的那盘菜。

通过嗅觉去感知外界的信息，往往能够让我们在短时间内记住某种事物的特质。比如，在很多时候，我们记忆一个人，可能想不起这个人长什么样子，叫什么名字，但是如果闻到和此人身上一样的香水味，那么我们就会想到此人。这就是嗅觉给我们的大脑留下的记忆痕迹。

平日里，我们可以在闲暇的时间进行两种或者多种感觉器官的协同记忆。比如，在安静的环境中聆听音乐，仔细聆听、默写、反复对照，同时也可以全神贯注地听一首曲子，在熟悉之后清唱、再听、再唱，直到听唱合一。这样做的目的是锻炼我们的听觉，同时运用视觉、触觉，最终达到多通道记忆的效果，实现长久记忆。我们还可以对一幅画作仔细品读、细细品味，然后进行综合与概括思维等。

我们的大脑喜欢来自外界的新鲜的刺激。在很多时候，我们需要让自己的大脑变得更加灵敏，无论接收哪种器官传递来的信息，都会对我们的大脑产生适当的刺激。因此，我们需要学会利用多种感觉器官，接收来自外界的多种刺激，从而加强大脑的记忆力。

知识点回顾

为了能够加深大脑对繁杂、重要或者陌生信息的印象，需要我们将短时记忆转化为长时记忆。很多时候，我们身体的各个器官需要协同作战，听、说、写、看相结合，可以采取触、嗅、尝等方式。这样做的目的是通过多种方式给大脑留下更深刻的印象，从而实现高效记忆、快速记忆，练就记忆达人。

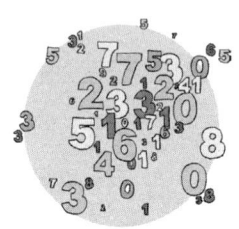

理解记忆

在记忆知识和材料的过程中,我们需要理解所要记忆的材料,只有充分理解了材料,才能快速记住。在这里我们要提到记忆的又一种诀窍,即理解记忆。

理解记忆指的是在积极思考,达到深刻理解的基础上,进行材料记忆的一种方法。因为我们无论记忆什么事物,都要先进行理解,理解是记忆的前提和基础,因此,通常会将理解定位为最基本、最有效的记忆方法。

我们不妨回忆一下,我们的老师和家长都告诉过我们,记忆知识千万不要死记硬背,要先理解知识,再进行记忆。但很少有老师给我们讲解为什么要先进行理解,再记忆。下面我们就讲解下理解记忆的好处和条件。

> **经典案例一**
>
> 　　德国心理学家艾宾浩斯曾经做了一个实验，实验的结果是理解记忆的效果要比机械记忆好很多。比如为了单纯记住12个毫无意义的音节，平均要重复16.5次；为了记住36个毫无意义的章节，要重复54次；而要记住6首诗，合计480个音节，平均只需要重复8次。

　　通过艾宾浩斯的实验，我们不难理解，凡是理解了的知识，我们就能够实现迅速记忆，并且遗忘的可能性也很小。不然，单纯依靠死记硬背记忆材料，我们当时没少费力，但是最后可能又会遗忘，可谓费力不讨好。

　　那么，为什么理解会如此有效呢？我们要想知道答案，就需要了解大脑对信息理解的方式。我们的大脑是由亿万个神经元组成的，一门知识的学习和掌握，从本质上来讲，是多个神经元之间建立连接的过程。简单来讲，如果我们的知识是孤立的，那么我们记住的只是一个论点或者一句话，这样的话，我们很容易忘记。这就意味着我们大脑中的神经元是孤立的，我们无法调动成群结队的神经元。但是如果为了记住多个论点，我们找到了彼此之间的联系，那么便可以调动大脑中成群结队的神经元，我们的神经元就会串联成"一张网"，此时即便我们想要忘记这些信息都难。

> **大脑训练营**

翻开语文书,找出一篇文章,认真进行通读,读完之后,进行思考:

这篇文章作者想要表达什么?他是以怎样的逻辑进行论述的?
这篇文章所要表达的观点与自身以往的经验有怎样的联系?

第一个问题的提出,就是逼迫我们将大脑中的神经元连起来,形成"一张网"。而第二个问题的提出,就是将我们大脑中的这张网与以往形成的网进行连接,最后形成一张更加实用的网络。因此,我们的记忆就是理解,理解就是记忆,这本身就是一回事,就是构建知识网络的过程。

> **经典案例二**
>
> 我们都知道泰国的首都是曼谷,但很少有人知道,曼谷只是一个简称,泰国首都的音译全称共41个字。要想将这41个字背诵下来,还真不是一件简单的事情,或者说很多人根本无法完整记忆。
>
> 下面,我们来背背这两首诗:

小池

泉眼无声惜细流,树阴照水爱晴柔。

小荷才露尖尖角,早有蜻蜓立上头。

静夜思

床前明月光,疑是地上霜。

举头望明月,低头思故乡。

这两首诗的总字数比泰国首都的全名还要多七个,可是我们很多人都能轻松背出。原因是什么呢?其实这正是源于对记忆内容的理解。

理解了所要记忆的信息,记忆会变得轻松,当然,我们不得不说理解本身并非一件轻松的事情。理解知识和信息的过程,需要我们投入大量的精力,这一点毋庸置疑。既然理解对我们记忆信息有很重要的作用,那么我们不妨了解一下如何进行理解记忆吧!

1. 找到所要记忆材料中的逻辑所在

对于一些材料性的记忆,我们在读完之后,一定要明白其中的逻辑关系,只有把握了逻辑关系,才有利于我们去通篇理解,从而进行有效记忆。

2. 我们要针对记忆内容进行分类

比如，我们要记忆一些有意义的内容，可以进行理解记忆；如果我们所要记忆的内容是无意义的，此时，我们不妨运用其他记忆方法。比如，我们记忆车牌号、电话号码，其中根本没有必然的联系和意义所在，记忆这些内容，就需要我们多思考，从而实现全面记忆。

3. 理解了材料，才能进行高效的记忆

我们要注意一点，虽然理解是记忆的前提，但是这并不意味着，只要我们理解了，就一定能够记住。记忆还受到其他因素的制约和影响，因此，理解记忆材料的类型和内在关系是至关重要的。

在生活中，我们经常会听到一个成语叫"通俗易懂"。在记忆材料时，我们正是要让大脑识别的材料能够通俗易懂地反映到我们的神经元，从而促使大脑记忆细胞快速做出反应，并进行记忆。因此，理解是记忆的基础，同时也是记忆的一种手段，我们需要通过理解去记忆信息。当然，理解的目的是记忆，这一点是我们不应该忽视的。

知识点回顾

理解是记忆的前提，也是记忆的基础。因此，在记忆过程中我们可以先理解材料，只有充分理解了材料，才能够实现对材料的记忆。

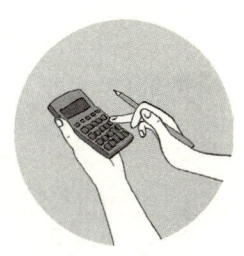

编口诀有助于放松大脑

大脑是我们完成记忆的最终工具,我们的大脑并非机器,无法一天二十四小时无间歇地运转。它需要像洗衣机一样进行自我清理,同时,记忆也需要我们对大脑进行调节。轻松自由的大脑记忆感受,能帮助大脑减压,从而进行有效记忆。

我们的大脑需要轻松记忆,而口诀记忆诀窍无疑就满足了大脑记忆的这一要求。尤其是在记忆一些有规律或者是容易找到规律的信息时,我们不妨多运用口诀记忆诀窍,这样做的目的是调动大脑的积极性,让大脑变得兴奋,从而更容易进行记忆。

另外,对于一些比较难记的材料,我们也可以通过联想来编口诀记忆,这就需要我们付出更多的精力。编口诀的过程虽然有一定的难度,但是对记忆难记的材料内容十分有帮助。

> **经典案例一**
>
> 有人将我国的行政区域编了一个口诀，很实用。
>
> "黑吉辽，蒙新甘，陕宁青藏云贵川，两广两湖两河山，港澳苏浙闽皖赣，京津沪渝台海南。"分别指的是：黑龙江、吉林、辽宁、内蒙古、新疆、甘肃、陕西、宁夏、青海、西藏、云南、贵州、四川、广东、广西、湖南、湖北、河南、河北、山东、山西、香港、澳门、江苏、浙江、福建、安徽、江西、北京、天津、上海、重庆、台湾、海南。
>
> 将这三十四个地区罗列着写下来，然后进行记忆，我们可能会丢三落四，记不全；但是如果我们按照口诀一一对照着进行记忆，那么我们就能够很容易记住。

当然，我们在对口诀进行记忆的时候，要保证所编口诀能够真实、准确地反映记忆材料。如果我们所编的口诀不能准确反映记忆材料，那么我们进行记忆的难度反而会更大，甚至会对我们的记忆材料产生误差，造成最终的记忆失败。

如果我们将要记忆的内容压缩成短短的记忆口诀，就能够让大脑变得轻松。千万不要将口诀编得太长，否则不但起不到快速记忆的作用，还会增加记忆的难度，甚至会让我们消耗大量的时间在记忆口诀上。因此，编口诀也是一项考验我们的想象力和联想力的事情。比如，我们在记忆中国历史朝代的时候，可按照口诀进行记忆："夏商周秦西东汉，三国两晋南北朝，隋唐五代及两宋，元明以后是清朝。"

大脑训练营

第一，用口诀法记忆标点符号。

句号：一句话说完，画上小圆圈。
逗号：句中需停顿，小圆带小尖。
顿号：并列词语间，点个瓜子点。
分号：并列分句间，逗号顶圆点。

参照以上口诀，对冒号、问号、引号等进行口诀记忆。

第二，用口诀法记忆各省的简称。

先将各省的简称一一抄录下来，然后利用谐音、想象等方法，来编口诀。

运用口诀记忆法要善于抓住记忆内容的关键。那么，在运用口诀记忆法时，还要注意哪些方面的问题呢？

1. 编口诀也要讲究方法

对于我们的记忆信息来讲，有的信息适合编口诀，而有的信息没有必要编口诀。比如，我们在记忆圆周率时，就没有必要编口诀，利用谐音进行记忆即可。我们如果要背诵乘法法则，那么只要背诵乘法口诀就可以了。因此，在选择口诀记忆之前，一定要先分清楚哪些可以使用口诀记忆法，哪些可以不使用口诀记忆法。当然，我们进行口诀记忆的关键是让记忆变得更加简单，而不是为了编口诀而编口诀。很多时候，我们可能会习惯性地编造口诀，却忘了运用口诀的目的是记忆。

2. 编口诀所消耗的时间不应过长

大脑要对记忆材料进行记忆，本身会消耗很多精力，如果我们在编口诀的过程中花费太多的时间和精力，自然会影响大脑本身的状态和记忆。要知道，我们通过口诀进行记忆的目的是让大脑感受到轻松，而不是为了让记忆过程变得更加复杂，让大脑变得更加紧张。

3. 口诀要简单易记

我们编口诀是为了放松大脑，更有效地实现记忆。那么我们所编的口诀就需要简单、容易记忆，千万不能乱编，更不能生搬硬套，编一些连自己都看不懂或者是记不住的口诀。因此，我们在编口诀的过程中，需要发散自己的思维，多联想、多想象。同时，要找到记忆材料的趣味点所在，让大脑在编口诀的过程中感受到趣味性，那么自然有利于放松大脑，实现高效记忆。

我们背诵过的《乘法口诀表》《珠算口诀》等，都是利用口诀进行记忆。口诀记忆十分实用，一旦我们真正记住了口诀，那么我们也就很容易进行知识记忆了。

> **知识点回顾**
>
> 对于很多人来讲，编口诀并不是一件容易的事情。此时，我们不妨找到材料之间的关联性，从而进行联想和想象，这种方法能够激活脑细胞，也能帮助我们记忆。因此，在记忆时，我们可以根据材料的不同，进行不同方法的尝试。当然，我们最终的目的是让大脑变得更加活跃，从而更容易进行记忆。

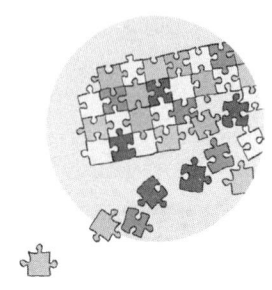

归纳分类,让记忆不再困难

归纳分类记忆,指的是我们在记忆之前,将记忆内容按不同属性加以归纳,然后再分门别类地记住这些内容及其属性的一种记忆方法。利用此种记忆法能够让我们掌握记忆材料之间的关系,从而更容易进行记忆。

归纳分类记忆有什么特点呢?首先,在对记忆材料进行分类之前,会先确定归类的原则,该归纳什么,该放弃什么,都很明确。其次,在归纳完之后,我们的记忆目标会变得更加明确,在记忆过程中,注意力会更加集中,可避免不同材料之间相互干扰。最后,在归类的过程中,我们通过对各类材料的对照、对比,从中获得新的启发,从而能够起到温故而知新的作用,并能够及时发现问题和解决问题。

归纳分类是其他记忆方法的基础。我们要正确认识和使用这种记忆诀窍,这样会让我们的记忆目标变得更明确,让我们的记忆变得更有逻辑。

大脑训练营

用归纳分类窍门记忆中国近代史（1840—1919）上发生的重大事件，可归纳为"五四三二一"来进行记忆。

"五"指的是五次重大的战争——第一次鸦片战争、第二次鸦片战争、中法战争、中日甲午战争、八国联军侵华。

"四"指的是四个不平等条约——《南京条约》《马关条约》《辛丑条约》《二十一条》。

"三"指的是三次革命高潮——太平天国运动、义和团运动、辛亥革命。

"二"指的是两个阶级产生——无产阶级和民族资产阶级。

"一"指的是一次变法——戊戌变法。

通过以上简单的归纳分类，我们可以对近代历史有一个比较笼统的认识。以此为例，我们不妨再运用归纳分类窍门对"世界地理之最"进行归纳记忆。

世界上海拔最高的州为南极洲，世界上海拔最低的州为欧洲。

世界上最高大的山脉为喜马拉雅山脉，世界上最长的山脉为安第斯山脉。

世界上最深的湖泊为西伯利亚的贝加尔湖,世界上最大的淡水湖为苏必利尔湖。

世界上最大的高原是巴西高原,世界上海拔最高的高原是青藏高原。

世界上最大的沙漠是撒哈拉沙漠,世界上最大的平原是亚马孙平原。

很多时候我们都会用到归类记忆诀窍,因为归类能减少记忆材料,缩短记忆时间,从而提高记忆效率。归类的标准不是单一的,也并不是局部的,它是要我们站在全局,用全面的角度去思考和分类。只有这样才能归纳得足够彻底,分类得足够清晰。在进行分类归纳的时候,我们不妨遵循以下几方面的要求。

第一,归纳分类不是单纯地按照一个标准,也可以按照记忆对象的结构、材质、颜色、大小、重量、属性等进行归类。在我们看到记忆材料之后,要将记忆材料的性质和可以分类的方面进行划分,比如哪些材料可以运用属性不同进行分类,哪些材料能够按照结构进行分类。对不同的记忆材料,我们选用的分类方法是不同的。因此,在分类的过程中,一定要合理分类,不可单纯按照一种归纳分类办法进行。

第二,进行归纳分类时,可分为几个组,各个组中的材料个数必须适度。如果分组太多,记忆起来也比较费劲;如果分组太少,组内个数就会增加,这样各组内部的材料个数应减少差距。

心理学家通过实验研究发现，我们进行分类记忆时，各个记忆组中的元素，应该在5~9个为最佳。

第三，研究发现，人类的思维是以概念为基础来把握事物的，因此，对事物的分类应该就是对概念的分类。分类能够揭示事物之间的内在关系，从而帮助我们进行记忆。

第四，归纳分类也可以按照逻辑学的关系进行分类。比如，时间、事件、经过等。再如，对文学基础进行归类，可以分为现代文学、古代文学、外国文学、古代汉语文学、现代汉语文学。

经典案例

> 在东汉时期，大医学家张仲景就十分善于利用归纳分类记忆诀窍。他在《金匮要略》的第一篇中便对疾病进行了分类。张仲景以经络和脏腑为分类对象进行归纳，不仅如此，他还按照三阳和三阴分类，将五脏六腑所产生的疾病分为36种。以此做出了疾病的分类表，从分类表中可以看出疾病的种类，还能够看出容易发生病变的具体部位。这种分类归纳对后人的中医学习也是十分有帮助的。

在日常记忆的过程中，很多时候我们都可以根据归纳分类的记忆特点进行材料的安排。比如，给我们几篇文章，让我们记住其中主要表达的意思，此时，我们可以按照文章的逻辑顺序进行分类记忆。对不同的记忆内容，我们所选择的分类方法也不同。

比如，记忆英文单词，我们可以按照单词的属性进行记忆，是水果类还是日用品类，是交通工具类还是消防用品类等，进行合理的分类记忆。

归纳分类的记忆就是让看似凌乱的记忆材料变得更加有规律，并能够有规律地进行记忆。当然，在使用归纳分类记忆诀窍时，不可对毫无规律的内容进行强行归纳，这样会导致我们更难进行记忆。比如，我们记忆的材料是毫无规律可循的，此时，我们可以选择其他方法进行记忆。

知识点回顾

记忆的过程是一个寻找规律和特点的过程。我们要记忆的内容往往都有规律可循，这就要求我们能够把握住其中的关系，从而更好地进行记忆。使用归纳分类诀窍进行记忆，就是要求我们能够在最短的时间内完成规律的总结归纳，再进行合理的分类，最终实现高效记忆。

第七章

持续巩固，好习惯养出好记忆

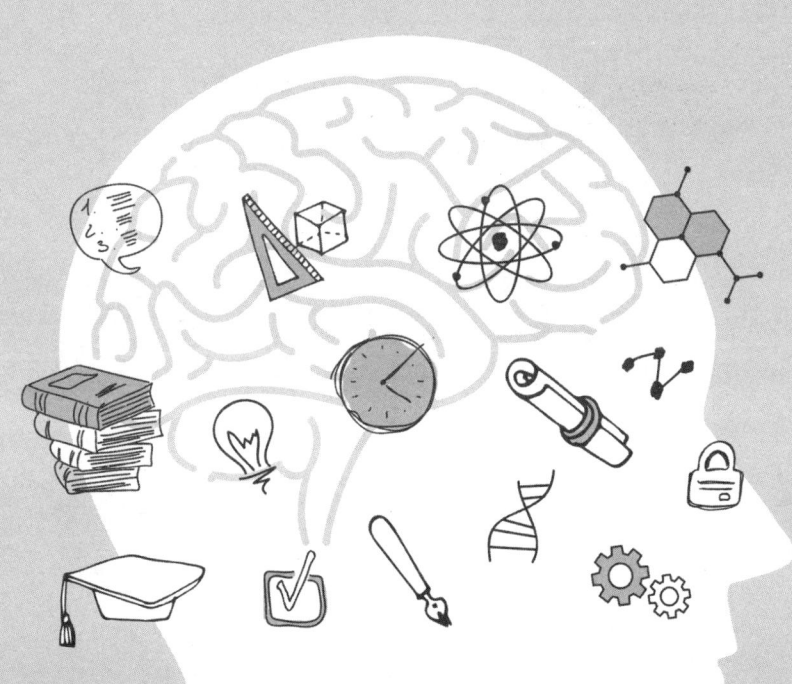

好好睡觉很重要

研究发现,睡眠是进行记忆的重中之重,如果不重视睡眠,我们花费时间所记忆的成果将无法充分体现。人的记忆形成和睡眠情况的关系是十分明显的,经常熬夜或者睡眠不足已经成为影响记忆的杀手。

科学家经过多年的研究发现,睡眠不仅能为记忆做好编码准备,还能够为大脑提供整合信息的机会和条件。因此,睡眠可以使记忆更加持久,并能够增强大脑抵御外界干扰的能力。

通过一晚上的睡眠,大脑得到了更加充分的休息,这就让大脑具备了识别、选择和保存记忆的鲜活能力。科学家发现不管我们是不是去记忆一些东西,睡眠对于集中精力去做好一件事情都是十分有帮助的。那么缺乏睡眠究竟有哪些危害呢?

首先,从科学角度来讲,缺乏睡眠能够导致前额顶叶的活性降低,而这个部分的任务就是认知事物。

其次，睡眠不足的人总是无法集中注意力去完成一件事情。如果人们没有专注的注意力，记忆效果自然会很差。研究发现，海马区对记忆的形成十分关键，记忆的形成依赖于一个叫作长时程增强（LTP）的程序，它增强了神经细胞之间的关系，用更加容易的方式进行信号的交换，从而促使记忆的完成。

经典案例

研究人员邀请两组受试者，两组受试者被要求同时从选出的150张风景照片前走过，并将这些照片进行了室内和室外的分类。

两天之后，两组受试者开始重新站到这150张风景照片前，研究人员故意替换了其中75张照片，要求两组受试者挑选出被替换了的75张照片。

其中得到很好睡眠的那组受试者挑选出了超过65张被替换的照片，而没有得到很好睡眠的受试者，他们甚至连30张被替换的照片都没有挑选出来。

不仅如此，研究人员又进行了更深一步的测验，他们将同样的照片放到两组人员面前，让其进行观察，这一次测试的目的在于观察两组受试者在看到照片之后大脑做出反应的究竟是哪一部分。研究发现，睡眠不足的那组人员的海马区的活跃程度十分低下。可见，睡眠对记忆力的影响是十分关键的。

那么，我们的大脑究竟哪个区域和海马区共同发挥了作用呢？经过研究发现，睡眠充足的人是通过多个大脑区域和海马区进行紧密结合与合作的，这些区域通常和时间记忆程序有关，而睡眠缺乏者则是单个区域与海马区进行联系的。

除了上述研究之外，研究人员还发现，人类的记忆力受到深度睡眠时间长短的影响。也就是说，我们如果没有深度睡眠或者是深度睡眠较短，就会对我们的记忆力产生不利影响。那么，为了提升我们的记忆能力，我们要如何保持良好的睡眠呢？

第一，要保证良好的睡眠环境。众所周知，婴儿睡觉时，喜欢安静的睡眠环境，青少年也是如此。当我们身处嘈杂的睡眠环境中时，我们往往心情烦躁，甚至无法入眠；而温馨、安静的睡眠环境能够让我们保持心情舒畅，从而在最短的时间内进入深度睡眠。

第二，要养成早睡早起的好习惯。对青少年来说，正处于生长发育的关键时期，更要养成良好的睡眠习惯，不晚睡，以免对我们进入深度睡眠的时间和身体的新陈代谢产生影响。因此，保持良好的睡眠习惯，不仅有利于提升我们的记忆力，还能让我们的身体保持健康。

一般来讲，在晚上十点钟之前躺到床上，静静地进入睡眠状态，这对我们的大脑休息是十分有帮助的。在睡觉前，如果大脑一直保持兴奋状态，这对我们进入睡眠状态则是不利的。比如，在睡觉之前，我们进行了剧烈的运动，或者是进行了激烈的嬉戏打闹，都不利于我们大脑平静下来，很难进入睡眠状态。因此，我们可以给自己设定一个时间点，例如规定晚上十点半睡觉，那么在睡前半个小时，就要避免进行剧烈运动或者是情绪发生过激的起伏。

第三，睡前不要吃得太饱。睡前吃太饱，也不利于睡眠。因为我们的肠胃在蠕动时，会消耗大量氧气，从而造成大脑含氧量降低，影响大脑的正常休息，最终影响睡眠质量。

第四，情绪也会影响睡眠质量。如果在睡前我们处在生气、沮丧、悲伤的情绪之中，那么就很容易导致惊梦的产生，正所谓"日有所思，夜有所梦"。因此，好的情绪有助于进入深度睡眠。

第五，不良的心理因素，也会影响我们的睡眠，导致我们的睡眠质量下降。比如，日常心理压力较大的人，总是会出现失眠状况。一个人在承受巨大压力的时候，他的大脑会处在激烈的运动状态，甚至是抗拒状态。因此，我们在面临巨大压力的时候，应该学会放松心情，找到缓解压力的方法，从而减轻大脑所承受的压力，实现良好的睡眠。

除此之外，还有一些人，他们具有失眠期待性焦虑，这类人总是担心自己会睡不着，担心自己会失眠，总是想自己能快点入睡，结果却适得其反。因此，越是害怕失眠的人，越容易让脑细胞进入兴奋状态，从而越会失眠。

睡眠对人类大脑的发育与记忆都是十分重要的，只有保证充足的睡眠,才有可能让自己在有限的时间内记住更多的东西。因此,我们要想保证自己的大脑具有良好的记忆力,首先要做的就是让大脑得到充分的休息。

大脑也是需要劳逸结合的。如果大脑得不到很好的休息,自然也无法进行很好的记忆。换句话说,在我们进行记忆的时候,需要大脑本身处在良好的状态上。这就需要我们保持良好的睡眠,让大脑得到更好的休息,从而保证记忆力的提升。

> **知识点回顾**
>
> 睡眠质量影响记忆效果。在进行记忆之前,我们必须保证充足的睡眠,让大脑得到充分的休息,这样在进行记忆的时候,大脑才能够最大限度地保持活跃性。因此,我们要尽量为睡眠提供良好的休息环境,同时保证大脑能够处在积极运转的状态,从而进行有效的记忆。

吸烟、酗酒最伤"脑筋"

众所周知,吸烟有害健康;有人还经常说"小酒怡情,大酒伤身"。在当今社会,吸烟和饮酒的人数居高不下,世界卫生组织官网最新数据显示,全球大概有11亿人吸烟,23亿人饮酒,其中,重度吸烟的人群占15%,重度饮酒的人群占19%。

在中国,烟民数量超过了3亿,可谓占到了世界总吸烟人数的1/3,而在过去的几十年,平均每天就有2000人因为吸烟而死亡,而喝酒导致死亡的人数在逐年递增。如此庞大的数字应该引起我们的警醒。那么,吸烟和酗酒究竟对我们的大脑有什么影响呢?

科学家对吸烟和酗酒给健康带来的伤害做过研究,发现吸烟和酗酒对人体的神经环路机制的影响是不同的,并且对大脑的影响作用是相反的。研究发现,吸烟人群的大脑功能连接呈整体减弱趋势,而酗酒人群的大脑功能连接则呈现整体增强趋势。

> **经典案例**
>
> 专家邀请两组人员进行测试。一组人员具有多年的吸烟经历，可谓老烟民。而另一组是多年酗酒的人。研究发现，吸烟的一组对大脑惩罚功能的敏感性十分低下，而饮酒一组对大脑奖赏功能的敏感性有所提高。无论是对惩罚功能的失敏，还是对奖赏功能过于兴奋，都会导致人们对某种物质产生依赖。这就是吸烟能上瘾、喝酒也能成瘾的原因。可见长期吸烟、饮酒的人群对尼古丁和酒精的依赖程度是十分大的。

那么在日常生活中，我们要如何避免烟酒对大脑的伤害呢？

1. 拒绝二手烟，远离烟草

在很多公共场合，我们都会看到禁烟的标识，但是很多人还是会习惯性地点燃香烟。此时，作为青少年的我们，要尽量避免与这些抽烟的人待在一起，否则我们会吸入大量烟雾，那样对我们的大脑是十分不利的。当然，青少年本身也要远离烟草，坚决不吸烟，如果因为一些因素染上了吸烟的习惯，就要选取一些科学方法来戒烟，避免香烟对大脑产生长久而不可逆的不利影响。

2. 不饮酒，远离酒精

大部分青少年都是在校生，学校一般都会明确规定在校生不得在校内外饮酒。但有时候，我们可能会参加一些庆祝活动或社交活动，这时，我们也要远离酒精，尽量不要饮酒，最好是能用饮料等替代，以免酒精对我们的大脑造成一些伤害。

> **经典案例**
>
> 有专家曾经对两个人进行了一项测试。专家先让他们认真观察房间的布局，然后让其中一个人喝了很多的酒，在酒醒之后，开始询问他第一天喝了多少酒，并让他回忆房间的布局，结果，这个人忘了自己究竟喝了多少酒，对房间的布局也无法清晰地进行回忆。而另一个人长期吸烟，专家给了这个人一段材料，让他在一天内背诵下来。结果，此人整整花了一天的时间，也没能准确无误地记住材料。

吸烟和酗酒对大脑的伤害是逐渐产生的，不是一两天就能看出影响的。但是，我们不可否认，尼古丁与酒精对我们大脑的伤害是巨大的。在很多时候，我们需要有意地保护我们的大脑，因为保护大脑就是在保护我们的记忆力。

一个记忆力很强的人往往具有良好的生活习惯。比如，他们不会轻易喝酒，也不会抽烟，他们总是能够控制自己，保持良好的习惯。只有这样，才能够保持大脑的健康，从而进行有效记忆。

知识点回顾

每个人都希望自己的大脑能够进行准确的记忆,而现实生活中,总是有很多因素影响我们的大脑进行记忆,如抽烟、酗酒。因此,我们需要做的就是尽量避免做不利于大脑记忆的事情,做到爱护大脑。

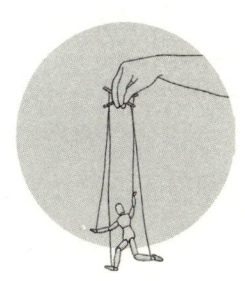

长期冥想可提高记忆力

科学研究发现,长期冥想不仅能够提高大脑的活动能力,还可以提高学习能力和记忆力。如果一个人平时多进行冥想,那么其记忆力肯定能够得到提升。因为冥想可以增加我们大脑中与学习和记忆相关的灰质部分。

科学家曾经找来了16个志愿者,安排他们进行了8周的冥想,同时对大脑进行扫描。8周的冥想能产生足够大的变化,能够让大脑的思维变得更加紧密,从而提升我们的记忆力。

1. 冥想能够平衡我们的左右脑

众所周知,人的大脑分为左脑和右脑。通常情况下,人们利用大脑总是一半比另一半多,这就造成了大脑使用上的不平衡。当然,冥想已经被证明了可以平衡两个脑半球,从而增强大脑对外界事物的处理能力。

在日常生活中，当我们的逻辑左脑和创意右脑开始进行工作的时候，我们就能够更好地去解决学习过程中的问题，同时，我们会表现出很强的创造力。此时，我们的思维方式会变得更加深层次，我们精力集中的能力也得到了增强。

2. 冥想能够增加大脑的体积

经过研究发现，大脑的神经具有可塑性。也就是说，我们可以通过后天的练习让我们大脑区域的灰质的体积增大。换句话说，冥想能够让我们的大脑变得更大，并且在变大的同时，大脑的运转速度也会变快，从而让我们变得更加聪明。

3. 冥想能够提升大脑的洞察力和直觉力

要知道我们内在的智慧来源于聆听自己内心的声音，这其中以洞察力和直觉力最为知名。冥想有利于我们挖掘自身的洞察力和直觉力。

当我们静下心来进行思考的时候，我们会发现自身存在的某些潜能是未被挖掘出来的。当我们去观察某些事物时，我们总是无法真正掌握其中的奥妙。这主要是因为我们无法真正做到洞察自我，而冥想能够让我们的大脑得到探索，从而在观察外物时变得更加敏锐。

4. 冥想可以改善长期记忆和短期记忆

众所周知，一个人的记忆力是智力和智商的外在体现。无论是学习、工作，还是信息存储，都是记忆力的外在体现。而研究人员发现，经常冥想能够增强大脑对长期记忆与短期记忆的记忆效果。如果我们通过冥想能够提升自身的注意力和记忆力，那么我们记忆材料就会变得相对简单。

5. 冥想可以改进情商

美国加州大学的研究小组进行了一个实验，他们邀请60名中老年志愿者做为期3个月的冥想训练，并对他们的认知能力做了评估。参加此次志愿活动的人发现，冥想课程可以让他们学会冷静下来，与此同时，他们的情绪也变得不再急躁。

大脑训练营

每天坐在一个安静的环境中，挺直腰杆，闭目养神。此时，我们要尽量调动多种感官去感受外界对自己的刺激。比如，尽量将注意力集中在身体某个部位，感受这个部位的轻微变化。

首先，我们将注意力集中在我们的头发上，当风吹过头发时，我们要尽全力去感受头发的颤动。其次，我们将尽力去闻风的味道，是花香还是海水的味道。最后，当我们尽全力去感知外界之后，我们可以尽情地幻想和思考，可以对外界的一切产生思考。

每天冥想一个小时，在三个月后，对记忆材料进行记忆。

在日常生活中，我们需要保持自己大脑的"清洁"，这里讲的"清洁"，是给大脑一个自我清除烦恼与情绪垃圾的时间和步骤，而冥想正好起到了这样的作用。其实，冥想并不需要特定的模式，我们随时随地都可以进行冥想。当我们闭目养神的时候，可以多思考一些事情，这也是对大脑的一种思维锻炼。

知识点回顾

每个人都有自己的思想，我们要做的就是让自己的思想变得更彻底。而要做到这一点，就离不开养成冥想的习惯。一旦我们习惯了冥想，我们的大脑思维就会变得更加活跃，并能够进行深层次的思考，从而最终提升我们的大脑记忆能力和信息处理能力。

不吃早餐等于杀死脑细胞

俗话说得好,"早餐吃的是黄金",可见早餐的重要性。在生活中,每个人每隔四五个小时就需要进食一次,这样做的目的是保证体内有足以维持生命活动的能量。而到了晚上,人体进入休息状态,能量消耗也会减少。正因为如此,通过一整夜的能量消耗,早餐就显得尤为重要,因为早餐摄入的能量需要添补一夜身体能量的消耗,同时也要能够支撑上午半天的能量消耗。可见,早餐的作用十分巨大。而对我们的大脑来讲也是如此,我们的大脑需要通过摄入的早餐来维持细胞的活跃性。因此,早餐对于我们的大脑来讲十分重要。

我们抛开记忆力来讲,如果不吃早餐会对我们的身体产生什么不利影响呢?

首先,不吃早餐会容易长胖。很多人认为少吃一顿饭怎么还容易长胖呢?其实,很多运动员就是通过这种方式来达到增肥的目的。比如日本的相扑运动员,他们习惯早起不吃饭,中午和晚上吃大量的食物,这样一来,多余的能量无法消耗,便会转化成脂肪。可见,不吃早餐会导致肥胖。

其次,不吃早饭会影响我们身体的其他机能,如会出现低血糖的现象。尤其是对一些学习任务较重的初高中生来讲,身体能量不足会使体内血糖降低,从而出现头昏的现象。因此,我们要及时补充能量。

此外,有一些研究人员还指出:"长期忽略早餐,能够让正在发育的孩子的大脑缩小,即便是长大后恢复健康的饮食,营养充足,萎缩的大脑也无法恢复正常生长。"因此,早餐对大脑的影响是十分重要的。

既然早餐对大脑的记忆有如此重要的作用,那么,早餐吃什么对大脑好呢?早餐要包含以下营养成分。

1. 脂类

脂类指的是不饱和脂肪酸、胆固醇、磷脂等脂类,这些是构成大脑细胞膜的基本成分。脂类还能够促进大脑细胞的发育,使其维持良好的功能。

我们日常吃的一些坚果,如核桃、松子、葵花子、花生、杏仁、南瓜子等富含不饱和脂肪酸,有助于维护大脑功能,从而增强记忆力。

2. 矿物质和微量元素

众所周知,矿物质和微量元素是大脑进行正常工作必不可少的营养元素。它对人的大脑和神经系统都是十分重要的。比如,钙、镁、钠、钾等元素具有协同维持神经肌肉的应激性功能。钙元素能够保证我们的大脑保持旺盛的精力,并能够在学习方面保持持久性。而钙元素与其他碱性元素进行结合,能够保持身体的酸碱平衡,避免因饮食不当而造成身体的酸碱性失调,从而让身体产生疲倦,影响大脑的正常运转。我们经常会听到一些缺钙的人抱怨自己无法集中注意力或者是学习效率低下,其实这都是身体缺乏钙质或者是其他微量元素所导致的结果。

3. 维生素

不可否认,维生素是维护身体健康的关键因素,在提高智力活动方面,维生素起到了关键性作用。比如,维生素C能够保护生物膜,是保护脑功能的重要物质,能够保持大脑细胞的充盈,并帮助大脑进行记忆,使大脑正常发挥其功能。而B族维生素可以参与到碳水化合物中进行代谢,产生能量,保持大脑系统正常运行。 如果我们缺乏维生素B_1,那么往往会表现出身体乏力、反应迟钝、记忆力减退等症状。

我们的大脑是需要能量供给的,而吃早餐是保证我们大脑能量充足的关键一步。因此,我们在选择食物时,可以多选择一些坚果类、豆制品等,这些食物所包含的营养元素比较丰富,我们可以根据食物所含有的营养元素来合理搭配自己的早餐。

知识点回顾

　　我们的大脑是产生思维和意识的中枢区域,它被誉为运筹帷幄的最高司令部。因此,保证大脑的正常运行是关乎记忆的关键所在,而长时间不吃早餐会对我们的大脑记忆产生不利的影响。所以,我们要合理搭配早餐,丰富我们的早餐种类,以便保证大脑能量供给,实现高效记忆。

遇事多问为什么

众所周知,如果长时间不用脑,那么记忆力就会下降。记忆是人们对经历过、发生过的事情所产生的一种印象,经过对大脑材料的加工和保存,并在需要时提取、回忆出来。通过对记忆定义的理解,我们不难看出,大脑需要对记忆材料进行加工和保存,而这个过程需要我们多思考。

我们在处理任何一件事情时,可能只会看准目标,也就是说我们只知道看到结果,而不会看自己经历怎样的过程,这就容易导致我们不会过多地思考问题。比如,我们只会通过一种简便的方法来达到自己所要达到的目标,从来不去思考自己使用的方法是否真的有利于我们的大脑。其实,在这个时候,我们要做的就是多给自己一些时间,让自己尝试不同的方法,用不同的方法去解决问题,从而在操作不同方法的过程中,学习到更多的东西,掌握更多的技巧。因此,在很多时候,我们要做的就是让自己变得具有探究精神。

遇事多问为什么，就是要求我们对待事物要追根溯源，只有这样才能看到事物的本质，才能在有限的时间内从一件事情上领悟更多。

经典案例

曾经一个"天才"少年，他能够在1分钟背诵一段长达500字的文章。很多人很不解，认为他这种才能是天生的。但是只有他自己知道，自己能够具备如此超群的记忆力是训练出来的。

他在学校的时候，总是对数学感兴趣，尤其是对自己不会做的题目感兴趣，而对于自己掌握方法的试题，他会选择寻找新的方法来进行解答。很多人都认为他是在做无用功，但是他说自己从中掌握了很多思维方法。不仅如此，通过对各种解题方法进行探究，他对数学更加有兴趣了。

他在学习方面如此，在记忆材料方面也是如此。他经常会问自己为什么要记忆这些内容，为什么这句话要这样写，为什么要运用这种修辞方法。通过解答一个个为什么，他顺理成章地记住了整篇文章。

他说自己喜欢探究事物，尤其是自己感兴趣的事物。

由此可见，对事物进行探究的过程，就是记忆的过程，而探究结果往往会让我们感到欣喜,从而提升了对外界的关注度,增强了我们的自信心,也让我们能够在更短的时间内完成记忆任务。

那么,在探究事物的过程中,我们要注意哪些方面呢?

质疑要有根据。我们提倡质疑,是根据事物的本质进行的。而不是像三岁的孩童一样,无论遇到什么问题都要问为什么。要知道我们质疑的目的是什么,是为了增强大脑的活跃性,提升大脑的记忆力而进行的质疑。

质疑的过程就是思考的过程。只有当我们思考得多了,大脑才会变得更加灵活。但是,如果我们的大脑时刻都在思考,没有休息的时间,那么我们的大脑就会疲倦,这不但不利于我们进行更深层次的思考,还会强化我们进行记忆。因此,我们要给大脑一定的休息时间,而不是无休止地让大脑处在高速运转的状态。

大脑训练营

此雕塑为《沉思者》，出自罗丹之手。当你看到这座雕塑的时候，你需要进行以下思考：

（1）他遇到了什么百思不得其解的问题？
（2）他要思考到什么时候才会停止？

思考是大脑运动的一种方式。经常思考能够保持大脑的活跃度。在我们进行记忆的时候，我们需要多进行思考。在处理一件事情的时候，我们需要多问自己几个为什么，这样做的目的是让自己透过事物的现象看到本质。当我们掌握了事物的本质，自然就能够找到事物发展的内在关系，从而实现大脑的高效记忆。当一个懒惰的人懒得对事情进行思考时，他的记忆水平也往往是最差的。因此，遇事不妨多问自己几个为什么，以促使自己的大脑进行运转，从而实现高效记忆。

知识点回顾

多问为什么，其实就是在开发大脑的潜力。所谓挖掘大脑的潜能，其实就是不断地、积极地进行探索。探索事物的过程本身也是记忆的过程，因此，我们要大胆地对自己面临的记忆材料进行探索，了解记忆内容内在的关系与逻辑，最终实现大脑的深层记忆。